MAHOROBA

Nara Women's University
Faculty of Letters

気候危機と人文学

人々の未来のために

西谷地晴美 編著

yachi

かもがわ出版

装丁　坂田　佐武郎

まほろば叢書『気候危機と人文学――人々の未来のために』　目　次

Ⅱ　各論　人文学と自然

はじめに

　過去７０００年間にわたって海面の高さが変わらない安定した気候が、現代まで世界の文明を支え続けてきた。人類はその間に、国家を立ち上げ、文化を育て、ときに相互に激しく闘いながら、ついに科学技術が社会のあらゆる分野を支え牽引する現代へたどり着いた。

　今、その安定していた気候が、終わりを迎えている。地球温暖化が加速しているからだ。しかし人類が直面している地球温暖化問題は、実はもっと恐ろしい内容をはらんでいる。

　７０００年間続いた安定した気候ステージ、より正確に言えば１１７００年続いた間氷期から、全く別の気候ステージである数百万年前、あるいは千数百万年前の地球のようなとても暑い気候環境へ、不可逆的に移行し始めてしまう気候の転換点「ティッピングポイント」が、文字通り目前に迫っている。今の人類が二酸化炭素に代表される温室効果ガスの排出削減政策に失敗したり、本気で取り組まなかったりして、世界の平均気温がそのティッピングポイントを超えてしまうと、その後で人類がどんなに努力をしても、元の安定した気候や自然環境には、二度と戻れなくなるだろう。

10年以上前から気候研究の最先端的仮説だったこの考え方のうち、人類の意志とは無関係に、不可逆的に気候が移行し始めてしまう気候のティッピングポイントが、本当に目前に迫っているのかどうかは、私たちにとってきわめて大きな問題である。

温暖化がこのまま進んだとしても、2100年までに気候の転換点がくることはないと高をくっていた「気候変動に関する政府間パネル」（IPCC）の総会が、自ら作成した「摂氏1・5度特別報告書」を受諾する形で、世界にその緊急性を示唆したのは、2018年10月のことである。その「1・5度特別報告書」の詳しい「概要」を、環境省のホームページで日本語で読めるようになったのは2019年の7月だった。そして、環境学者ティモシー・レントンやヨハン・ロックストロームらが論説「気候の転換点」を著名な科学誌「ネイチャー」に発表して、「1・5度特別報告書」は気候転換点に対するIPCCの重大な判断変更だったという科学史的意味を、私のような文化系の研究者にもはっきり理解できるようにしてくれたのは、2019年の11月である。

だから多くの日本の人々は、政治家もマスコミも、2019年12月に開催された「第25回気候変動枠組条約締約国会議」（COP25）の温室効果ガス削減交渉の舞台で、今なにが求められているのか、なぜそれを今求められているのかを、正しく理解できなかったにちがいない。この会議ではもっぱら、温暖化阻止を叫ぶスウェーデンの高校生グレタ・トゥーンベリの言動が人々の耳目を集め、小泉進次郎環境大臣が石炭火力発電所の削減問題で海外のマスコミから責め立てられていた。

現在の状況を私なりに簡単に言えば、エネルギーインフラの転換にはどの国でも通常十数年かかるので、人類には気候のティッピングポイントを超えないようにする時間的余裕が、もうほとんどないかもしれない、ということにつきるだろう。

まさに私たちは、文明構築後の人類がこれまで一度も経験したことのない「気候非常事態」のただ中にいる。

これまでの文化系研究者は、地球温暖化のような科学的な言説を前にすると、たいていは自分の研究とは関係ない問題として口をつぐむか、研究者としてではなく一市民として、これからどうすべきかを考えてしまう傾向にあった。しかし多くの人々が実感できるほどに気候が変わりだしているのだとすると、一市民としてではなく、人文学に責任を負う研究者として、未来を見据えた自分たちの学問上の課題を、あらためて真剣に考えるべきではないか。このような危機感が、本書編集の起点にある。

一例をあげれば、気温や海水温の上昇が今のペースで続いていけば、これまでの日本の文化や人々の歴史観を基底で支え続けてきた、日本の四季の景観とその美しさ、山野河海の自然の恵みや優しさが、日本列島から次々と失われていくことになる。そして早晩、日本人の伝統的自然観そのものが大きく変化する時期がやってくるだろう。それは安定した気候を基盤としていた過去の社会と文化を取り扱う日本史学や国文学だけでなく、日本列島の自然と深くかかわる様々な学問にとっても、革新的な、しかし多くの場合は学問にとって致命的な変化になるだろう。もちろんこの点は、海外を研究対象とする学問においても同様である。

本書には、このようなこれからの学問的課題を考えていくうえで、文化系の人々にとって必要となる、現在と未来の気候変化に関する著名で有力な学説の紹介と、温暖化問題とも通底するテクノロジーをめぐる人文学的論考を第一部（Ⅰ）に、国文学・日本史学・地理学・心理学の研究者による自然にかかわる論考を第二部（Ⅱ）に収録した。第二部の執筆者には、地球温暖化問題を意識しなくてもよい、という条件で原稿を依頼している。だから本書第二部に収載した自然にかかわる諸論考は、それぞれの学問分野における現時点での自然観や、学問的に維持すべき観念、直面している諸問題を読み取ることができるものである。それは、別の気候ステージへの道をひた走っている現在から、未来の人文学に向けた、学問的に貴重な資料でもある。

西谷地　晴美

Ⅰ　総論　人新世と地球温暖化

第1章　気候変動研究をめぐる歴史

西谷地　晴美

1　更新世・完新世の気候

気候変動研究をめぐる歴史を振り返る前に、現在進行中の地球温暖化を理解するための基盤となる知識を簡単に述べておきたい。

地球が氷期と間氷期を繰り返していた更新世と呼ばれる地質学上の時代において、少なくとも過去80万年以上にわたり、大気中の二酸化炭素濃度は180ppm（氷期の最も寒冷な時期）から280ppm（間氷期の最も温暖な時期）の間に収まっていた。

過去に何度も地球上に出現した間氷期と比較して奇跡的に気候が安定していた、約12000年続いてきた現在の間氷期は、地質学的には完新世と呼ばれる時代である。すでに本書の「はじめに」で述べたように、この完新世後半の7000年間は、海面の高さが変わらないという意味で、さらに安定した気候だった。

約10万年近く続く氷期と、数千年から1万年以上続く間氷期が、地球上に交互にあらわれた原因は、惑星としての地球の運動による。約10万年周期をもつ地球の離心率（太陽と地球の距離）の変化、約4万年周期の地軸の傾きの変化、および自転軸の歳差運動（２４０００年周期など）の組み合わせによって、地球が太陽から受け取るエネルギーバランスがわずかに変化することが、氷期と間氷期をもたらす原因である。このエネルギーバランスが変化するサイクルを、発見者の名前にちなんで、ミランコビッチサイクルと呼ぶ。氷期から間氷期への変化は、気温と海水温の長期にわたる小さな変化が、温室効果の高い水蒸気量の増加と温室効果ガス濃度の上昇を引き起こし、それが気温を引き上げる増幅型のフィードバックとして働き出すことによってもたらされた。

一方、現在の地球温暖化は、天体の動きに基づくミランコビッチサイクルとは無関係に、温室効果ガスの人為的排出によって直接引き起こされている現象である。この点こそが、更新世のなかで繰り返し起きた過去の気候変動と、現在の気候変動との決定的な違いであり、気候の転換点「ティッピングポイント」の時期や、海氷・氷床の融解速度を左右する仕組みなどが詳細には把握できず、気候変動の未来予測を難しくしている

新生代の地質年代・始期のデータ

代	紀	世	始期
新生代		人新世	始期は諸説あり
	第四紀	完新世	1万1700年前～
		更新世	258万年前～
	新第三紀	鮮新世	533万3000年前～
		中新世	2303万年前～
	古第三紀	漸新世	3390万年前～
		始新世	5600万年前～
		暁新世	6600万年前～

要因になっている。

氷期と間氷期との地球全体の平均気温差は約5度である。高緯度地域（極域）の氷期と間氷期の平均気温差はそのおよそ2倍で、約10度の気温差になる。いつの時代でも、地球規模での気温変化は高緯度地域ほど大きくなり、その影響が早くあらわれる。ちなみに現在進行中の地球温暖化の最前線は、夏の海氷が激減している北極である。

ところで、氷期と間氷期との地球全体の平均気温差が約5度であったということは、地球全体の平均気温が5度違うと、以前とは別の気候ステージが地球上にあらわれる可能性があるということでもある。もちろん、水が氷や水蒸気に状態変化する条件温度の問題があるので、地球全体の平均気温5度の違いが、常に必ず氷期と間氷期のような地球全体の気候ステージ変化に結びつくわけではない。しかし、「世界全体の平均気温の上昇を工業化以前よりも摂氏2度高い水準を十分に下回るものに抑える」という、2015年のパリ協定で危惧された世界全体の平均気温2度上昇がもつ意味の重大さは、氷期と間氷期との地球全体の平均気温差が5度だった事実と単純に比較するだけでも、よく理解できるだろう。

しかし、これにティッピングポイントの問題が加わるとどうなるのか。

地球の平均気温は、産業革命後すでに1度上昇した。今の地球を別の気候ステージへ導く恐怖の階段が、もし全部で五段だとすると、人類はその一段目を上りきって、今二段目に足をかけている。温室効果ガスの人為的排出状況がこのまま続いてしまうのであれば、おそらくその足が三段目にかかる前に、地球の複雑な気候システムによって仕掛けられたティッピングポイントという名の地雷を、人類は踏んでしまうように違いない。

2　地球温暖化と気候研究をめぐる歴史

ここでは、本書に必要な範囲で、地球温暖化研究をめぐる歴史を振り返っておきたい。特に重要なのは、１９８０年代におきた気候研究の方向性の大変化と、２０００年に提起された人新世の概念である。

a　１９８０年前後の様相

１９７４年に出版された『地球が冷える　異常気象』（旭屋出版）という本がある。ＳＦ小説『日本沈没』の作者として有名な小松左京氏が、根本順吉（気象庁）、竹内均（東京大学）、飯田隼人（気象庁）、立川昭二（北里大学）、西丸震哉（農林省）の５人と、これから起こるであろう地球の寒冷化と食糧危機について対談した記録である。この本が象徴的に示すように、１９７０年代の日本では、地球の寒冷化が盛んに議論・研究されていた。

この問題に関わって、１９８５年に出版された朝倉正『気候変動と人間社会』（岩波現代選書）に、次のような興味深いデータが載っている（１３７頁）。１９８４年に発表された気象庁による気象機関と気候研究者に対するアンケート調査によれば、20世紀末までの気候が温暖化するとみていたのは、気象機関では29％、外国人研究者では43％、日本人研究者では24％であった。一方、寒冷化するとみていた気象機関と日本人研究者が、それぞれまだ6％いた。
「21世紀の気候は8割近くの気候専門家が温暖化すると考えて」おり、「大勢は温暖化説に傾いている」というのが、朝倉氏の当時の判断であり、日本の気候研究者の未来予測が地球寒冷化から地球温暖化へと大転換していったのは、おそらく1980年代の前半だったと思われる。しかしその一方で、20世紀末までの気候が温暖化するとみていた日本人研究者が全体の4分の1しかいなかった事実を踏まえれば、1980年代に入ってからも、日本の気候研究の多くは、それまでの気候寒冷化に比重をおいた研究内容を引きずっていたに違いない。

この点は、地球温暖化に対する日本の専門家の言説に大きく影響したと考えられる。私は1970年代の後半に大学で学部の授業を聞き、1980年代の前半は大学院生だった。私より上の世代は言わずもがな、私と同世代の還暦前後の理系研究者、とくに気候に関係する分野で学んだ研究者の多くは、大学学部や大学院の授業で、寒冷化や小氷期に関する話を大学教員から聞かされたはずである。もちろん優秀な研究者であれば、その後、新しい研究分野として立ち上がった地球温暖化研究と関わりをもったり、その研究成果に耳を傾けていったりしただろうが、理系の研究分野は気候研究だけで成り立っているわけではもちろんないので、1980年前後に日本の大学で行われていた寒冷化研究の影響は、学問的にも社会的にも決して無視できないだろう。

米国だけでなく、日本の文系・理系の言論界においても、地球温暖化懐疑論が長らく一定の力を持ち続けてきたが、その原因の一つはおそらくここにあると私は見ている。

ｂ　１９８０年代以降の様相

１９８０年代から１９９０年代は、更新世の気候研究が一新されていった時期である。グリーンランドの氷床をボーリングして氷床コアと呼ばれる氷柱を取り出し、その酸素同位体比や、氷床コアに閉じ込められていた過去の気泡に含まれる二酸化炭素の濃度を調べることで、過去数十万年にわたる地球の気温と二酸化炭素濃度がわかるようになったのである。

また、氷期の気候は、ただ寒冷な時期が続く単調なものではなく、わずか数年から10年程度でグリーンランド付近の気温が一挙に10度も激変する現象が、何度も繰り返された激しい気候だったことも明らかになった。発見者の名にちなんで、ダンスガード・オシュガーサイクルと呼ばれるこの現象が、学界で承認されるまでには時間を要したが、過去の気候変動が研究者にとっても想定外の激しさを伴うものだったことや、気温が一挙に上昇する仕組みが地球の気候システムに組み込まれていることがわかった意義は大きかった（横山裕典『地球46億年気候大変動』講談社、２０１８年／中川毅『人類と気候の10万年史』講談社、２０１７年）。

１９８８年になると、アメリカ航空宇宙局（ＮＡＳＡ）の地球温暖化研究者ジェイムズ・ハンセンが米国上院委員会で、「人為的な温室効果ガスの影響が地球に及んでおり、地球はすでに長期的な温暖化の時期に入っている」ことを証言するに至る。地球が温暖化していることに世界の人々が注意を向けるようになるのは、この時からである。

ところで地球温暖化の原因となる大気中の二酸化炭素濃度は、ハワイのマウナロア観測所でキーリングが測定を始めた1958年の時点で、315ppm だった。18世紀後半から本格化する産業革命以降、およそ200年間で、人類は大気中の二酸化炭素濃度を35ppm増加させた。しかし1990年頃には、大気中の二酸化炭素濃度が350ppmを突破している。35ppm増加するのに、今度は約30年しかかからなかった。次章で述べるが、ジェイムズ・ハンセンが最終的に安全と判断した大気中の二酸化炭素濃度は、350ppmである。

1997年、「気候変動枠組条約第3回締約国会議」（COP3）で京都議定書が採択された。中国などは除外されたが、先進国が中心となって、温室効果ガス排出量を1990年比で約5％削減する目標を設定した。しかし結果は大失敗であり、その後も世界の二酸化炭素排出量は増加の一途をたどることになる。

c　2000年以降の様相

2000年になると、すでにオゾンホールの研究でノーベル化学賞を受賞していた大気科学者パウル・クルッツェンと生態学者ユージン・ストーアーマーが、人新世という地質学上の新概念を提起する事態になる。

人新世概念を簡単に言えば、現代は、地中から検出される大量のコンクリート、大量のプラスチック、放射性物質などによって、これまでの完新世の地層と明確に区別できる時代に入っている、という考え方である。それだけでなく人新世と完新世とは、大気組成、気候、自然環境も異なっている。人新世概念提起の背景に、進行が止まらない地球温暖化現象がある点は、説明を要しないだろう。

パウル・クルッツェンはその後、２００６年の論文「成層圏への硫黄注入による太陽光反射率強化」で、地球の気温を強制的に低下させる気候工学（ジオエンジニアリング）の実施を提唱する。さらに２００７年の論文で、人新世を「産業の時代：ステージⅠ」（およそ１８００年～１９４５年）、「大加速：ステージⅡ」（１９４５年～およそ２０１５年）、「地球システムの管理者：ステージⅢ」（およそ２０１５年～）の３期に区分した。この説に従えば、人類はすでに気候工学を実施しながら地球システムを管理するステージⅢの時期に入っていることになる。

なお、パウル・クルッツェンの提唱した気候工学は、既存の気候そのものにも大きな影響を与えることがいくつかの気候シミュレーションによって想定されており、海洋の酸性化も止められないうえ、一度始めてしまうとそれをやり続けなければならないという大きな欠点がある。今のところ、ＩＰＣＣは気候工学の実施を想定していない。

この間、２００１年にＩＰＣＣの第3次評価報告書、２００７年には第4次評価報告書が出されたが、ＩＰＣＣによる気候評価に疑問をもっていたジェイムズ・ハンセンは、２００９年に、温暖化による海面上昇と種の大量絶滅の危険性を主張した*Storms of my Grandchildren*（孫たちの嵐）を米国で出版する。気候研究の第一線で活躍する自然系研究者が、論文以外に著書をも出版するのは異例なことであり、気候研究者としての強い使命感に突き動かされて書いた本であることが、読む者に伝わってくる良書である。その内容は次章で紹介する。

この２００９年には、もう一つ大きな研究上の進展があった。それは、環境学者ヨハン・ロックストロームとウィル・ステッフェンが、気候変動・生物多様性・生物地球科学的循環・海洋の酸性化など九つの地球の限界「プラネタリー・バウンダリー」の考え方を提起したことである。地球の限界値がわかれば、開発可能な範囲を科学的根拠に基づいて議論することができるようになるからだ。この研究は2015年、ヨハン・ロックストロームと写真家マティアス・クルムによる*Big World Small Planet*（小さな地球の大きな世界）の出版へとつながっていく。

ところで、この年の11月、英国イースト・アングリア大学気候研究ユニットの電子メールが大量にハッキングされて公開されるという事件が発生した。そのメールには、IPCCの第3次・第4次評価報告書の作成に関係する内容が含まれていた。詳細はここでは省くが、人為的な地球温暖化説に同意しない懐疑派や否認派の科学者も含む人々は、ハッキングされたメールの記述を拾い集め、第4次評価報告書で研究データの改ざんがあったと主張してこれを「クライメートゲート事件」と名付け、世界中で大騒ぎを引き起こした。そのためIPCCは第4次評価報告書の再検証に追い込まれている。

メールの中に中世温暖期の存在を全否定する内容があり、かつて平安時代の温暖化を研究したことのある私にとっても、調査結果が気になる事件だった。結局、研究データの改ざんはなかったことが後に示されたが、どことなく後味の悪さが残った記憶がある。いずれにせよこの事件は、地球温暖化をめぐる当時の学問的、社会的、あるいは政治的な議論状況を象徴している。それが今からわずか10年前の出来事であったことに、改めて驚かざるをえない。

d　東日本大震災以降の様相

２０１１年3月11日、東日本大震災が発生し、福島第一原子力発電所で大事故が起きた。この後、日本の世論は脱原発一色になり、地球温暖化問題は忘却のかなたに追いやられていく。高速増殖炉の実現が地球温暖化問題解決の決め手であると主張する、ジェイムズ・ハンセン『地球温暖化との闘い』（日経ＢＰ社）が日本で出版されたのは、東日本大震災の翌年11月だった（次章参照）。

２０１３年には、ＩＰＣＣ第５次評価報告書が出た。その報告書をふまえながら、２０１５年、ＣＯＰ21でパリ協定が採択される。かつての京都議定書とは異なり、締約国１９６か国すべてが参加して、産業革命以降の地球平均気温上昇を2度未満に抑え、1.5度未満を目指す国際条約の成立である。しかし２０１６年1月、地球温暖化を否認するドナルド・トランプが米国大統領に就任し、パリ協定からの離脱を宣言したことで、先が見通せない事態になっている。

最後に、２０１８年の二つの研究動向に触れておきたい。

一つ目は日本における人新世の議論のはじまりである。『現代思想』２０１７年12月号が「人新世―地質年代が示す人類と地球の未来」の特集を組んでから、２０１８年になると、篠原雅武『人新世の哲学』（人文書院）、クリストフ・ボヌイユ、ジャン＝バティスト・フレソズ『人新世とは何か』（青土社、原著は２０１６年）、ヴァイバー・クリガン＝リード『サピエンス異変―新たな時代「人新世」の衝撃』（飛鳥新社、原著も同年）など、人新世を対象に据えた著書が、日本で相次いで出版された。日本における人新世に関する議論は、世界から十数年遅れて始まったようである。なお、この年の7月に、ヨハン・ロックストローム、マティアス・クルム『小さな地球の大きな世界─プラネタリー・バウンダリーと持続可能な開発』（丸善出版）が出版されたが、この著作も人新世の考え方を取り入れている。

もう一つは、気候のティッピングポイントに関するものである。2018年8月、ウィル・ステッフェン、ヨハン・ロックストロームらが発表した論文「人新世における地球システムの道筋」は、「自己強化型のフィードバックが地球システムを地球規模の変化につながるティッピングポイントへと向かわせる危険性について探求」した論考で、大きな注目を集めた（第3章参照）。

その後は2018年から2019年にかけて、本書「はじめに」に述べたように、IPCCが「1・5度特別報告書」など三つの特別報告書を出している。

なお2018年に、大気中の二酸化炭素濃度が410ppmを突破した。すでに述べたように、1990年頃の大気中の二酸化炭素濃度は350ppmだったから、30年に満たない間に、今度は60ppmも濃度が上昇したことになる。このままの上昇度が続けば、あと15年ほどで、ジェイムズ・ハンセンが危険視する二酸化炭素濃度450ppmに到達する。

第２章　ジェイムズ・ハンセン『地球温暖化との闘い』を読む

西谷地　晴美

１　最悪の出版時期

２００９年に海外で出版されていた地球温暖化問題を扱った重要な著作*Storms of my Grandchildren*の邦訳が、２０１２年11月に、日経ＢＰ社から出版された。それが『地球温暖化との闘い―すべては未来の子どもたちのために』である。著者はジェイムズ・ハンセン博士。彼は、米国航空宇宙局（ＮＡＳＡ）のゴダード宇宙研究所所長を務め、最前線で活躍する気候変動研究の第一人者であった。

しかし当時の日本は、この前年の２０１１年３月11日に起きた、東日本大震災と東京電力福島第一原子力発電所の歴史的大惨事の、極めて大きな影響下にあった。東京では、原発再稼働に反対する大規模なデモが、この本が出版される数か月前まで繰り返し起きており、経産省の敷地内には、原発廃止を求める市民団体の活動拠点としてのテントが、まだ張られている状況だった。日本国民の環境問題に関する視線は、もっぱら原発廃止や原発再稼働問題に向けられ、地球温暖化問題は完全に忘れ去られていた。

ジェイムズ・ハンセンが1988年、米国上院委員会の公聴会で、「人為的な温室効果ガスの影響が地球に及んでおり、地球はすでに長期的な温暖化の時期に入っている」ことを「99％の確信をもって」証言して以来（同書10頁）、地球温暖化二酸化炭素主因説は世界の多くの人々に知られるようになっていた。この地球温暖化二酸化炭素主因説に基づいて温室効果ガス排出量削減を目指した国際条約が、1997年12月に採択された京都議定書であり、2008年からその運用が始まっていた。実はそれに呼応するかのように、日本ではこの運用開始時期あたりから、様々な理由に基づく温暖化懐疑論が、一部のマスコミやネット空間の耳目を集める状況にあった。この点に関しては、江守正多氏の『異常気象と人類の選択』（角川SSC新書、2013年）に詳しい。

そこに2011年、民主党の菅直人政権下で、東京電力福島第一原子力発電所の大惨事がおきた。地球温暖化二酸化炭素主因説は、従来の自民党政権や「原子力ムラの住人」たちが、原発事業を強力に推進するために利用してきた政治的プロパガンダにすぎないというような極端な言説が、一部の知識人だけでなく、原発の危険性の指摘で世間の注目を集めた京都大学熊取原子炉実験所の科学者にいたるまで、原発反対を主張する人々から、再び盛んに発せられた。このとき原発再稼働反対を唱えた多くの良心的な人々にとっても、京都議定書で日本が国際社会に公約した二酸化炭素の排出削減は、原発再稼働問題がすべて片付いてからゆっくり再考しても、日本だけは国際的に許されるはずの2次的・3次的課題へと、いわば無意識的に格下げされたように見える。こうして地球温暖化問題は、3・11後の日本では、開けてはいけないパンドラの箱になった。現在の日本で石炭火力発電所の許認可が温暖化問題と切り離されているのは、このためでもある。

だから、地球温暖化問題の解決手段として、高速増殖炉の完成に唯一の可能性を見いだしていたこの本にとって、３・11の翌年というこの時点は、最悪の出版時期だったに違いない。邦訳を担当した枝廣淳子氏と中小路佳代子氏が、高速増殖炉の話がでてくる第９章の原発関係の記述に、内容を訂正する慎重な「訳注」を施したのは、そのためだろう。邦訳の出版に際して、ジェイムズ・ハンセンが書き加えた「日本語版によせて」の文章には、もちろん福島第一原子力発電所の大事故が取り上げられているが、私にはどことなく覇気のない内容に見える。

日本という国家と社会があの３・11後から抱え込んでしまった、地球温暖化問題と原発問題という、恐ろしく複雑なパラドックスの狭間に、この『地球温暖化との闘い』は落ちてしまったようだ。だが、大きな気象災害が現実化しだした現在の地球温暖化問題を、もはや失敗することの許されない「地球環境の危機管理」という視点から理解するには、実現性が遠のいた高速増殖炉の話はとりあえず棚上げしたうえで、そのパラドックスの狭間からこの本を引き出してくる必要がある。そしてもう一度、今から10年前にジェイムズ・ハンセンがこの書物で主張し警告していた温暖化問題に関する記述に、注目してみたい。

2　地球温暖化Q&A

ここでは、インターネット上でよく見かける問いや主張に対して、ジェイムズ・ハンセンが答えるという形式をとりながら、『地球温暖化との闘い』の重要な内容を紹介していくことにしよう。なお基本的に、以下の質問文は私の創作、回答文は『地球温暖化との闘い』からの引用である。

氷期・間氷期サイクルとの関係

Q　地球は氷期と間氷期をずっと繰り返してきた。今は温暖な間氷期だが、いずれ氷期がやってくるのだから、地球温暖化など気にする必要はない、とネットの記事に書いてあったが、本当なのか。

A　地球科学者たちが再び氷期がやってくるかのように語るのを耳にすることがあったとしても、そんなことにはならない――人類が滅亡しない限りは。氷期を引き起こす力は、後で述べるように、ひじょうに小さくてゆっくりとしたものなので、フロン工場がひとつあれば、氷期に向かう自然の傾向を打ち消すのに十分すぎるほどだろう。（62頁）

地球を次の氷期に導くことになる遅いフィードバックを引き起こすために必要な地球寒冷化の傾向はもはや存在しない。したがって、今でも自然のプロセスがどうにかして地球を次の氷期に向かって動かすことがあり得るという考えは、まったくのナンセンスである。人間は、化石燃料を急速に燃焼させることに

よって、次の氷期に向かおうとする自然の傾向を圧倒する地球温暖化を引き起こしたのだ。（79頁）

太陽活動との関係

Q　二酸化炭素などの温室効果ガスよりも、太陽のほうが気候変動において大きな役割を果たしているという科学者の主張を聞いたことがあるが、どうなっているのか。

A　太陽光の強さの正確な測定が初めて可能になったのは、１９７０年代後半に衛星観測が始まったときである。これらのデータから、10〜12年の太陽活動周期で約０・１％の周期的変化があり、10〜12年周期で０・２ワット（／平方メートル、以下同）をわずかに上回るくらいの強制作用をもたらすことが明らかになった。（20頁）

ただし太陽の紫外線によって、地球の大気中の酸素分子が解離し、オゾンができ、このオゾンが温室効果を高める。この間接的な気候強制作用が、太陽の直接的な強制作用をおそらく30％強ほど高め、周期的な太陽の強制作用は全体として約０・３ワットとなる。（20頁）

１７５０〜２０００年の二酸化炭素増加による気候強制作用は、約１・５ワットである。大気中のメタン、亜酸化窒素、クロロフルオロカーボン（フロン）、オゾンの増加など、他の人為的な変化を加えると、温室効果ガス全体の強制作用は約３ワットになる。（23頁）

（３ワットに対する０・３ワットだから、）周期的な太陽強制作用は温室効果ガスの強制作用よりもはるかに小

さい。（21頁）

小氷期到来の可能性

Q　最近の太陽は活動が弱まっているので、また小氷期がやってくるのではないか。

A　太陽活動極小期の太陽が引き起こす強制作用は、太陽活動極大期の強制作用に対して約0・2ワット少なく、つまり、平均的な明るさの太陽に比べると約0・1ワット少ない。（157頁）

現在、二酸化炭素は年間約2ppm増加していて、これによって強制作用が年間に約0・03ワット高まっている。したがって、太陽の強制作用の有効性が200%だとしても、そして、太陽の明るさが長期間にわたって2009年の太陽活動極小期の値のままだったとしても、平均的な日射強度に対する寒冷化の効果は、二酸化炭素が最近のペースで増えつづけることによって、7年以内に相殺されるだろう。このようなわけで、何があっても太陽が地球を新たな小氷期に突入させる可能性はない。上記の数字は、現在、人為的な強制作用が自然の気候強制作用を圧倒していることを裏づけている。（161頁）

温暖化がもたらす気象災害について

Q　地球温暖化は社会にどのような影響をもたらすのか。

Ａ　地球温暖化によって、干ばつや熱波の激しさが増し、それによって森林火災の面積も増大する。だが、大気が暖かくなると、より多くの水蒸気を含むことができるので、地球温暖化によって、水循環の対極にある異常事態も激しさを増すにちがいないのだ。つまり、より激しい豪雨、より異常な洪水、潜熱によって引き起こされる、雷雨や竜巻、熱帯暴風雨などのより激しい嵐も起こるようになる。（10頁）

気候危機と政治

Ｑ　そのような温暖化による災害発生が予想されていたにもかかわらず、二酸化炭素の排出量を本気で削減する政策が、日本も含め多くの国でなかなか進展しないのはなぜなのか。

Ａ　この危機の原因となっている社会現象がある。政府のグリーンウォッシュである。グリーンウォッシュというのは、地球温暖化や環境について懸念を表明しておきながら、実際に気候の安定化や環境保護のための行動を何もとらないことで、米国や、「最も環境に配慮している」と思われている国においてさえも広く見られる。それはどうしてなのだろうか？　説明するのは簡単である。エネルギー産業の特別利益団体が政府に対してもつ力と、長期的な結果についての懸念をかき消す選挙の周期の短さが原因である。（２頁）

従来のＩＰＣＣ評価報告書について

Ｑ　これまでのＩＰＣＣの評価報告書は、最悪の事態を想定して対策をとる危機管理の視点からみて十分な内容になっていたのか。

Ａ　地球が１９９０年のレベルから約３度温暖化しないと危険なレベルには達しないとほのめかしている２００１年のＩＰＣＣ評価報告書に反して、私には、３度の地球温暖化は、いや2度の温暖化でさえも地球に大惨事をもたらすことが明らかに思えた。（１１６頁）

私は暗に、ＩＰＣＣが、これまでどおりの強制作用がつづいた場合の海面上昇の可能性を最小化していたこと、地球温暖化の危険レベルを高く推定していたこと、現在のエネルギー政策のもつ危険性を回避するシナリオを策定する努力をまったくしていないことを批判していた。（１１７頁）

〈補注〉この点については、私の意見を追加しておきたい。２０１８年と２０１９年に出された三つのＩＰＣＣ特別報告書で、ＩＰＣＣの見解がようやく10年前のジェイムズ・ハンセン『地球温暖化との闘い』に、一部追いついてきたように見える。従来のＩＰＣＣの見解は、一般市民や政治家にとっては先鋭的だが、その内実は多くの科学者が同意できる平均的で妥当、穏当な内容であり、ジェイムズ・ハンセンだけでなく他の科学者からも、想定の甘さを指摘されていたのも事実である。平時ならばそれでも十分だが、エネルギー政策を転換して新しいインフラを整備するには、どんなに短く見積もっても10年以上かかることを踏まえた、危機管理を重視した提言になっていたのかといえば、これまでのＩＰＣＣの見解は地球温暖化の危険レベルをはるかに高い気温に設定していたのだから、それには当然疑問符が付くだろう。

地球の平均気温が上昇した世界について

Ｑ　ＩＰＣＣ第５次評価報告書の将来予測では、二酸化炭素の排出量削減をあまり本気でやらない中程度の対策の場合には、今世紀の終わりには地球の平均気温が１９８６年～２００５年を基準とした気温よりも、平均値で２・２度上昇すると言っている。地球の平均気温が現在から２度上昇した世界をわかりやすく説明してほしい。

Ａ　人為的な気候強制作用のさらなる増加は、２０００年のレベルから１ワット未満に抑えるべきだ。それに成功すれば、さらなる地球温暖化は１度を超えないはずだ。（この上限は、二酸化炭素濃度が約４５０ｐｐｍということを意味している＝１１８頁）。だが、１ワットを超える気候強制作用が新たに加われば、地球の気温は、過去１００万年間保ってきた範囲をゆうに上回るところまで押し上げられるだろう。２度以上の温暖化になると、地球は、３００万年前の鮮新世と同じくらいの暖かさになるだろう。鮮新世には、温暖化によって海面が現在よりも約25メートル高くなった。（29頁）

海面上昇と気候変動への適応政策について

Q 気候変動を止めるには膨大な資金が必要になるのだから、費用対効果を考えれば、気候変動に適応できる社会システムの構築を優先すべきではないのか。

A エーミアンのような今より暖かかった12万年前の間氷期は、地球全体の平均では現在よりもわずか1度ほど暖かかっただけだが、海面は現在より4〜6メートル高かった。（81頁）

このまま温暖化を進行させて、もしも私たちが西南極氷床の崩壊の引き金を引いたならば、グリーンランドと東南極氷床の寄与によって、海面ははるかに高いところまで上昇しつづける可能性があるのだ。（128頁）

氷床が崩壊を始めると、予測可能な時間尺度では、新たに海面が安定することはない。そうはならずに、連続的に変化する状況を生み出し、世界中の数千もの都市での断続的な災害を引き起こすだろう。海と氷床にはそれぞれ数百年の応答時間があるので、私たちの考慮の範囲にある世代の間は変化がつづくだろう。変化は滑らかでも均一でもなく、地域的な嵐と関連して局所的な大災害が起こるだろう。世界の沿岸都市にある膨大なインフラや歴史的財産を考えると、人類が気候を安定させるために必要な行動をとるのではなく、気候変動に「適応する」ために努力するべきだと提案するのは、ほとんど狂気の沙汰だ。（130頁）

種の大量絶滅との関係

Q　先日、世界中で昆虫の数が減少しているというＮＨＫの子ども向け番組を見た。そういえば、今、地球規模における６回目の種の大量絶滅が進行中であるという話もネットで見たような気がするが、本当なのか。

A　私の「危険」リストの最上位に来る海面上昇以外のもうひとつの気候変動の影響は、種の絶滅である。（２１０頁）

千種を超える植物や動物、昆虫の調査では、20世紀後半、南極と北極に向かう植物・動物・昆虫の平均移動速度は10年で約６キロであることがわかった。これでは十分な早さとは言えない。過去30年の間に、平均気温が同じ地域を結ぶ等温線は、10年間に56キロの早さで極方向に移動している。（２１２頁）

温室効果ガスがこれまでどおりのペースで増えつづければ、等温線の移動速度は、今世紀中には2倍になり、10年で少なくとも約１１０キロになるだろう。危険が最も差し迫っている種は、寒帯気候や、生物が多様な高山帯の傾斜地に生息する種である。（２１３頁）

二酸化炭素濃度の許容上限

Q　増加し続ける大気中の二酸化炭素濃度に対する最新の判断を教えてほしい。

Ａ　地球。それは文明の発達した世界であり、安定した気候パターンといつまでも変わることがない海岸線をもつ世界でもあるが、その地球が今、差し迫った危機にある。この状況の緊急性が具体的な形になって見えてきたのは、ここ２～３年のことにすぎない。（１頁）

事態が差し迫っているのは、気候の転換点「ティッピングポイント」がすぐ近くまで来ているからだ。この転換点を超えると、気候のダイナミクスが急激な変化を引き起こし、人間の力ではどうにもできなくなる可能性がある。増幅型のフィードバックが働くからだ。気候関連のフィードバックとしては、北極の海氷の消失、氷床や氷河の融解、ツンドラの融解に伴う氷結したメタンの放出などがある。（１～２頁）

２００１年、私は気候の状況についてもっと楽観的だった。大気中の二酸化炭素濃度が４５０ｐｐｍを超えないレベルに保たれれば、気候への影響は許容できる程度だろうと思われた。人類はこれまでのところ、１７５０年に２８０ｐｐｍだった二酸化炭素濃度を、２００９年には３８７ｐｐｍにまで増加させている。

だがここ数年の間に、３８７ｐｐｍはすでに危険な領域であることが明らかになった。将来の世代に惨禍がもたらされるのを避けるためには、大気中の二酸化炭素濃度を、高くても３５０ｐｐｍまで下げる必要があることを今すぐに認識することがひじょうに重要である。（５頁）

ジェイムズ・ハンセンは、気候の転換点「ティッピングポイント」を大気中の二酸化炭素濃度４５０ｐｐｍ以内に想定しているようである。ちなみに２０１８年、大気中の二酸化炭素濃度の最大値は４１５ｐ ｐｍを突破した。大気中の二酸化炭素濃度の最大値が４１０ｐｐｍに近づいた数年前から、温暖化による気象災害が世界中で激しさを増している。

第3章

人新世と気候の転換点

西谷地 晴美

1 ティッピングポイントと不可逆性

地球温暖化を理解するうえで、問題の核心の第一は、上昇していく平均気温の途中で、不可逆的な気候のティッピングポイントを想定するかどうかにあるだろう。

前章で紹介したジェイムズ・ハンセン『地球温暖化との闘い』や、ヨハン・ロックストロームとウィル・ステッフェンが提起した、気候変動・生物多様性・生物地球科学的循環・海洋の酸性化などの九つの地球の限界「プラネタリー・バウンダリー」における未来予測、また地質学上の時代が後戻りするはずはないので当然だが、パウル・クルッツェンの人新世学説そのもので、いずれも気候変動における不可逆的なティッピングポイントが想定されている。ジェイムズ・ハンセンの予測やプラネタリー・バウンダリーの考え方では、大気中の二酸化炭素濃度４５０ｐｐｍが、不可逆的な気候のティッピングポイント出現の上限とされている。

　これに対して、従来のＩＰＣＣの温暖化予測には、２１００年にいたるまでの気候シミュレーションに、気候ステージの変化につながるような重大なティッピングポイントは想定されていなかった。未来においてティッピングポイントを出現させる諸条件の定量的分析が現時点では不可能なのだから、これは科学の通常のあり方としてはむしろ当然なのかもしれない。だからＩＰＣＣの未来予測は、二酸化炭素の排出量に応じて将来の平均気温の上昇度が決まっていくという、とてもわかりやすい予測になっていた。そしてこれまでのＩＰＣＣの評価報告書は、気温上昇に伴って気象災害が増加することを力説しているものの、読む者に切迫感を与えるような内容にはなっていない。各国の「政策決定者」がもしこの報告書を読んだとしても、自国だけでなく世界中のエネルギー政策を一刻も早く転換しなければならないと考える理由は、ほとんど見いだせなかったに違いない。

　しかし権威のあるＩＰＣＣの未来予測がそうなっているとしても、21世紀以降の実際の地球環境変動の推移が、ジェイムズ・ハンセン『地球温暖化との闘い』の予想通りに進行していることから判断すれば、ティッピングポイントの想定だけが間違っている可能性は極めて低いだろう。それが私の見立てだった。

　ところが本書「はじめに」で述べたように、２０１８年10月に出されたＩＰＣＣの「1・5度特別報告書」は、気候の危険レベルを従来よりも大きく引き下げた。「1・5度の地球温暖化のリスクは現在より高く2度より低い」という特別報告書の指摘には苦笑してしまうが、不可逆的変化が生じる諸要素にも目配りをするようになっている。また、工業化以降の気温上昇を1・5度以内に抑えるという目標値を超えて、一時的に気温が上昇する状態を気温の「オーバーシュート」と表現している。この気温の「オーバーシュート」という表現は、1・5度の目標値まで気温を戻すことを前提としたものであり、これまでの報告書とは基本的な考え方に明らかな違いが見られる。

地球温暖化を理解する問題の核心の第二は、不可逆性である。不可逆性というと、気候のティッピングポイントの想定に目がいきがちだが、それだけではない。現在そのものが、すでに気候の不可逆性のなかにある。

大気中に放出された二酸化炭素の3割弱は、少なくとも千年から数千年の間、大気中にとどまることがわかっている。現在の温暖化した気温は、これまでに大気中に排出された二酸化炭素の累積値が決めている。だから、海水温による影響など他の要素をひとまず考えなければ、人為的な二酸化炭素の排出量が「実質ゼロ」まで一気に削減されたとしても、気温は低くならず今のままずっと変化しない。人為的に排出された二酸化炭素を主要な要因とする現在の地球温暖化そのものが、実は不可逆なのだ。

人新世という考え方は、もう二度と地球が完新世の自然や気候環境に戻ることはない、という見通しに基づいているが、世界の20年移動平均気温は現在であれ未来であれ、どの時点においても間違いなく不可逆的に上昇するという確信が、人新世概念の有効性を強固に支えていると言ってよいだろう。

ジェイムズ・ハンセンは『地球温暖化との闘い』のなかで、一度も人新世という表現を使わなかったが、それはジェイムズ・ハンセンが大気中の二酸化炭素濃度を350ppmに引き下げて、完新世の気候を維持する可能性を追求していたからである。

しかし、二酸化炭素濃度が４１０ｐｐｍにまで上昇してしまった今、不可逆的な気候環境のなかで日々の生活を送らざるをえない私たちが、知っておくべき重要な研究がある。

２　論文「人新世における地球システムの道筋」を読む

２０１８年８月、ウィル・ステッフェン、ヨハン・ロックストロームらが米国科学アカデミー紀要「ＰＮＡＳ」に発表した論文「人新世における地球システムの道筋」は、海外で衝撃をもって受け止められた。この論文については、ネットやＳＮＳなどで地球温暖化の啓蒙活動を精力的に続けている江守正多氏（国立環境研究所地球環境研究センター副センター長）の詳しい解説があるが、ここでは本書に必要な範囲で論文そのものの主張を見ていこう。なお引用にあたっては、東京大学大気海洋研究所の三ツ井孝仁氏による訳文を活用し、表現を一部改めた。

論文の冒頭にある全体の要旨は次のようである。必要な箇所のみ紹介する。

我々は自己強化型のフィードバックが、地球システムを地球規模の変化と結びつくティッピングポイントへと向かわせる危険性について探求する。そのティッピングポイントを一旦超えてしまうと、気候の安定化が妨げられ、温室効果ガスの排出を抑制したとしても、継続的な温暖化が引き起こされ得る。この地球の進路をホットハウス・アースの経路と呼ぶ。もしそうなれば、地球平均気温は過去120万年のどの間氷期よりもずっと高くなり、海水準は過去12000年の完新世のどの時代よりも高くなるだろう。

ここで想定されている未来の地球の姿、ホットハウス・アースとは、1500～1700万年前の中新世中期と同じような気候で、二酸化炭素濃度は300～500ppm、地球の平均気温は産業革命前に比べて4～5度高く、海面水位は10～60メートル高くなる。ティッピングポイントを超えたとしても、そこに行き着くまでには数百年を要するとされている。では、現在をこの論文はどう見ているのか。

産業革命以前より1度高い現在の位置は、過去120万年における間氷期の上限に近づこうとしている。テクノロジーと従来型の社会・経済へ依存した過去半世紀にわたる地球システムの急速な変化の道筋は、気候システムを過去の間氷期の上限の外へ追いやろうとしている。従って、地球システムは分岐点の一つをすでに超え、従来の氷期・間氷期のサイクルから外れてしまったと考えられる。

「地球システムは分岐点の一つをすでに超え、従来の氷期・間氷期のサイクルから外れてしまった」という判断がここでは重要である。氷期・間氷期サイクルから外れた現在は、もはや完新世の時代ではなく、人新世の時代ということになる。論文では、「人新世は、人類により地球システムが氷期・間氷期の極限周期軌道から引き離され、より暑い気候と、これまでと大きく異なる生物圏へと向かう道筋の始まり」としている。

現在がすでに人新世の時代に入り込んでいるのだとすると、ホットハウス・アースへ私たちを強制的に引きずり込んでしまうティッピングポイントを、この論文ではどの時点に想定しているのだろうか。

現在、地球システムは、人為起源の温室効果ガス排出と、生物圏の規模縮小に駆動されて、ホットハウス・アースの経路にあり、約２度上昇の位置にある地球規模の変化につながるティッピングポイントへと近づいている。そのティッピングポイントを超えると、生物・地球物理学的フィードバックに駆動され、システムは本質的に非可逆な経路をたどる。

地球上のどこに地球規模の変化につながるティッピングポイントがあるかは不確かだが、我々はそれが地球平均気温２度上昇であると提案する。なぜなら２度上昇は重要なティッピング要素（気候に影響を与えるフィードバック）を活性化し、それによる気温上昇がその他のティッピング要素を活性化することで、ドミノ倒しのように更なる高温へとつながる可能性があるからである。

ティッピングポイントを正確にはとらえきれないとしながらも、産業革命前から２度上昇の地点にティッピングポイントを想定している点が注目される。さらに、ティッピング要素がドミノ倒しのように連鎖することで、更なる高温へ導かれる構図を指摘している点も新しい考え方である。論文では、低い温度で働き出すティッピング要素、中程度の温度で働き出すティッピング要素、高い温度で働き出すティッピング要素の三つの集団を想定し、低い温度で働き出すティッピング要素のフィードバックによる気温の上昇が、他のレベルのティッピングポイントを連鎖的に誘起していくことを想定している。この考え方が、次のような主張の基礎になる。

この分析は、もし1・5度以下ないし2・0度以下に温度上昇を抑えるというパリ協定の目標が達成されても、フィードバックの連鎖が地球システムを不可逆的にホットハウス・アースの経路へ追いやるリスクを排除出来ないことを示している。人類の直面している挑戦は、地球システムをホットハウス・アースのティッピングポイントへと向かう現在の道筋から脱出させ、「安定化した地球」の経路を作り出すことである。

パリ協定の目標が達成されても、ホットハウス・アースへのルートが完全に閉じられるとは限らないというのは、かなりショッキングな主張である。二酸化炭素の排出を削減することで、「安定化した地球」の経路を早急に作り出さねばならないというのが、ここでの意図だろうと思われる。それが「今後10年ないし20年の社会傾向や技術傾向や意思決定が、今後数万年から数十万年にわたる地球システムの道筋に重大な影響を与える」可能性に、この論文が言及している理由であろう。では、私たちはどうすればよいのか。

現在の主要な社会経済システムは、高炭素の経済成長と搾取的な資源利用に基づいている。このシステムを変更しようという試みは、温室効果ガス削減や生物圏のより有効な管理システムの構築において、いくつかの地域的な成功例はあるものの、グローバルにはほとんど成功していない。現在の社会経済システムを徐々に線形に変化させるだけでは、地球システムを安定化させるのに十分ではないのである。広範囲でかつ急速に、そして根本的な転換が、ティッピングポイントを超えてホットハウス・アース経路に入ってしまうリスクを下げるために必要になるだろう。これらの転換には、行動様式、テクノロジー、イノベーション、ガバナンス、価値観の変化が含まれる。

しかしながら、これらの変化はまだ初期段階にあり、安定化された地球の経路へのドアが急速に閉じられようとしている一方で、現在の道筋をホットハウス・アースから遠ざけるための社会的・政治的転換点には至っていない。

社会経済システム、行動様式、テクノロジー、イノベーション、ガバナンス、価値観の変化を伴う、広範囲で根本的な転換を急速に行うことを、この論文は私たちに要請している。現在が人新世の時代であることを十分に認識し、完新世の時代に適合的だった社会経済システムやガバナンスだけでなく、人々の行動様式や価値観までを、人新世の時代に適合的なものに早急に転換させなければ、今の気候危機を乗り切ることはできない、という主張である。

ところで、人々に行動様式や価値観の転換を求めるこの主張は、環境を悪化させた責任の所在を明確にするために人新世ではなく資本新世と呼ぶべきだという類いの、人新世概念をめぐる既存の議論とも関わってくるので、ここでは内容の紹介のみにとどめて、深入りしないようにしよう。本書の「はじめに」で指摘したように、一市民としてではなく人文学にたずさわる研究者としてどうすべきなのか、私たちはそれを考えなければならないからだ。この問題にかかわる人文学の課題は、本書の「おわりに」で最後に述べることにしたい。

第４章　オイディプスの杖と未来の人文学

田中　希生

1　工学的存在としての人間およびその病

アメリカ合衆国前大統領、バラク・オバマは政権終盤、次のように語っていた。

ＡＩが勃興するなかでの規制については、テクノロジーの黎明期には何千もの花を咲かせるべき、というのが私の考えだ。その際、政府は研究内容についてはあまり関与せず、予算については大きくサポートし、同時に基礎研究と応用研究との対話をうながしていくべきだ。
その後、テクノロジーが次第に成熟して、それが既存の社会的枠組みと相容れなくなってきたとき、問題はより複雑になる。そうなったときに政府はもうちょっと関与を増やすことになるだろう。それは既存の枠組みに押し込めるべく規制するということではなく、規制があくまでも、さまざまな価値観の反映としてあるようにするという意味での関与だ。テクノロジーが特定の人々や集団に不利益をもたらすものであってはいけないからね。

（*BARACK OBAMA LAST MESSEAGE FROM THE WHITE HOUSE*, WIRED Vol.26,2017）

世界中の指導者層の頂点に君臨した男の、テクノロジーに対する、理にかなった、この物分かりのよさに、ひとは感銘を覚える。近代社会にあって、指導者とはこのような人物であるべきだと、おそらく多くの人間が考えたろうし、実際に彼はその役目を十分に果たしたように思われる。だが、すこし考えると、テクノロジーと権力の関係は、それほど簡単な問題ではないのがわかる。たとえばオバマよりもうすこし身勝手な男が大統領だったらどうか。やはり同じように、少々歪んだ不均衡な形ではあれ、テクノロジーを進展させることを選んだろう。むしろもっと強引な形で、つまり諸領域間の面倒な調整など無視して、テクノロジーの進歩により潤沢な資金を投入したかもしれない。つまり、近代の指導者層の資質がどうあれ、一見して正反対にみえたとしても、原則として、進歩の方向は変わらないのである。すなわち、より強く、より早く、より緻密に、より手軽に、より便利に、そしてより合理的に。この方向が逆流することはありえない。

テクノロジーと人間の関係は、なにも近代に始まったものではない。潜在的には人類史と同じ幅で存在していて、むしろ人類が人類であることの根源的な条件といったほうがいいくらいである。かつて歴史家フェルナン・ブローデルは、テクノロジーを歴史の母に据え、そのうえで、あまりに人間生活に近しいものであるために、テクノロジーの歴史を語るのはきわめて困難だと語っていた（村上光彦訳『日常性の構造』第2巻、みすず書房、１９８５年）。この見解に対して、われわれは、歴史家の能力不足や問題関心の薄さについての自己批判とともに、テクノロジーの本質についての彼の深い洞察をみなければならない。

ブローデルの悲観的見解にもかかわらず、われわれは、テクノロジーについて本格的な考察を展開した研究として、マルティン・ハイデッガーのようなドイツ人哲学者や、クロード・レヴィ＝ストロースやガストン・バシュラール、ジルベール・シモンドン、ジル・ドゥルーズやベルナール・スティグレールら、フランス人哲学者・人類学者の古典的な著作を利用することができる。しかし、出発点としては、同じく古典的な人類学者アンドレ・ルロワ＝グーランのそれを取り上げることにしよう。

彼の『身振りと言葉』（荒木亨訳、筑摩書房、２０１２年）は、大脳の進化と技術の進化とを比較している。前期旧石器時代には存在していた、大脳容積の増大と、技術上の進化を示す原料1キロあたりの刃渡りの長大化および道具の種類の増加とのあいだの均衡は、後期旧石器時代、新人の時代にいたって突如崩壊する。ムステリアン＝ルヴァロワジアン期（中期旧石器時代）から大脳の容積は同じかやや減少しているにもかかわらず、技術の進歩だけは指数関数的につづいていて、肉体の進化を諦めてそれを道具に委ねたようにもみえ、まるで技術が人間の意志を離れて一人歩きしているかのようである。

むろん、こうした見方は、その後の研究の進展により変化している。たとえばニューコメンからワットにいたる蒸気機関の進化に典型的にあらわれているように、一旦大型化した道具／機械は次第に小型化していく傾向をもつ（岩城正夫「原始技術に教えられること」『ART CRITIQUE』n.04.constellation books.2014）。しかし、ルロワ=グーランの示唆の直観的な正しさを覆すのは、別の意味で困難である。というのは、有史時代、すなわち古代から近代にいたる頭脳と技術の進歩を比較しても、おそらく同じように対比できることはまちがいないからである。われわれはテクノロジーの爆発的な進歩を目の当たりにして、これを追い越すことはおろか、追いつくことさえできず、ただ遅ればせについていくことしかできない。すでに19世紀にマルクスが指摘していたように、われわれは、政治革命のために技術革新を待たなければならないのである。シモンドンはいっていた。「個体が自分の行動に対する反作用の意識を持ち、自分自身の規範となりうるのは、技術的な努力の時間という、連続的かつ開かれた体制のおかげなのである」と（*L'individuation psychique et collective : A la lumière des notions de Forme, Information, Potentiel et Métastabilité*, Aubier, 1969）。意識とは、技術的な時間がもたらす行動の反作用にすぎない。われわれが取り組まねばならないのは、マルクスをしてこれを下部構造から上部構造への因果関係と見せた、《手》に対する《頭脳》の本質的遅延という深刻な問題についてである。

2　人間の三度の変身について

哲学者のスティグレールはギリシア神話に登場するプロメテウスに注目している（西兼志訳『技術と時間1　エピメテウスの過失』法政大学出版局、2009年）。よく知られているように、プロメテウスは人間を作り、そしてこれに武器を与えた。ヘルメスの言葉と、アテネの火とである。技術的な対象についての、さほど水準が高いとはいえぬ実体的な思考法から離れていえば、これらは、たとえば牙や翼といったその他の動物のように身体に付属するものではないという点で、いずれもある種の言語的なものと考えることができる。すなわち、二つのうちの一方はイデア＋ロゴス、すなわちイデオロギーと言い換えることができるし、他方はテクネー＋ロゴス、すなわちテクノロジーと言い換えることができる。いうまでもなく、人類が達成した直立二足歩行は、背骨に頭が乗り、首の筋肉の支えを必要としなくなったことによる大脳容積の増大と、前足の手としての解放を生み出しているが、古代ギリシア人がプロメテウスに託して人間を規定した言葉と火とは、まさに両者に対応するものだ。そしてもちろん、マルクスが社会を規定した際に持ち出した上部構造・下部構造のそれぞれに対応するものでもある。

しかし、スティグレールとは別の古代ギリシア人に注目することもできる。オイディプスである。彼もまた、怪物（スフィンクス）との対話のなかで、新たな人間像を示した。朝は４本、昼は２本、夜は３本の足をもった怪物である。よく知られているとおり、この怪物の正体は人間である。そして夜の人間の３本目の足は、老人のもつ杖を意味しているが、それは、人間が、テクノロジーなしには生をまっとうできぬ動物であること、それどころか、テクノロジーによる制作物を自身の身体内部に埋め込むことを厭わぬ怪物であることを意味している。われわれはこの伝承の語る人間像を疑問なしに受け容れているが、人間がおのれの身体に自ら埋蔵するテクノロジーは、フロイトがオイディプスにみた、個々人の精神の大きさ以上には広がることのできない「コンプレックス」よりもずっと広大な無意識を形成しているのである。オイディプスに討伐される運命にあるスフィンクスが彼にいいたかったことは、だからこういうことだ。私を怪物と名指すお前たち人間もまた、合成の怪物ではないのか……。だから、オイディプスの伝説にもまた、古代ギリシア人が独自に彫琢（ちょうたく）した人間についての哲学が反響している。

こうした《人間》にとって、自然（ピュシス）は、近代主義者が意識的にも無意識的にも考えたがっているような客観的対象物ではけっしてありえず、自然が認識の幅にどこまでもとどまってしまうということもない。われわれ人間は、自然と接するに、ほぼかならずテクノロジーを介してこれをおこなう。したがって、存在なる語が自然とかかわるものであるのを認めるかぎりにおいて、われわれの存在様式自体が宿命的に技術論的であり、ひるがえってイデオロギーのほうは技術の媒介を待つ二次的なものにとどまるということである。

一方で、すでにハイデッガーが指摘していたように（関口浩訳『技術への問い』平凡社、２００９年）、古代ギリシア人にとって、《理論（テオリア）》とは、見ることにかかわり、しかもその本質はすべてを見尽くすことにあった。手で触れる道具化よりも見尽くすことによって内容を対象化するのがテオリアであり、したがってテオリアは自然に対する事後的な態度（主体化）の問題となる。近代人の理論のように、事物を実体として、精神の外部にあらかじめ保存しつつ、当の事物の手前でアプリオリに働いているなにものかではなかった。

こうした観点からいえば、テオリアなしの人間存在は、テクノロジーを介して自然界に巻き込まれるようにして存在するほかなくなる。通常の人間存在は、こうして、ちょうど雪の結晶化が空気中の塵を介して発生するのと同じように、自然界にテクノロジーを埋め込み、またそれによって同時にテクノロジーをおのれの身体に埋め込みながら、おのれを人間として結晶化させる。

　人間にとって自然は、古典的な科学者の考えているような対象ではない。むしろ自然とは、ひとつの《巻き込み》であり、人間はテクノロジーを用いてこの《巻き込み》に参与する。それが真の意味での存在であり、どれほどわずかではあっても自然を変化させることなしに存在することはできないし、またそれによってどれほどわずかではあっても、おのれの身体を変化させることなしに存在することはできない。しかし、それゆえテクノロジーがあまりにも人間存在にぴったりと寄り添い一体化するから、われわれはテクノロジーを忘れ、テクノロジーなる函数（かんすう）抜きにものを考えるようになる。存在を不動のものとして思考内部に独占した気になり、その一方に自然を配置する実体的思考に泥（なず）んでいく。テクノロジーに対する知識人の遅れを主体の問題と取り違え、なおかつ、テクノロジーに対するその宿命的な未熟を嘆いて、理性的主体の形成なる見当違いの叶わぬ夢に一縷の望みを託す、近代主義的な立場しか取れなくなっていく。

　ともあれ、テクノロジーは、大なり小なり世界変革の引き金となり、と同時に、その引き金を引く人間身体の改変をも例外なく執行する。人間は自然の一方的な破壊者の位置にいるというより、つねに同時に、人間自身の破壊者でもある。もちろん、環境決定論のような一方的な関係もありえない。ミシェル・フーコーはハイデッガーの延長上で、現代社会における生政治（ビオポリティクス）の危険性を正しく指摘していたが、潜勢的には、それは時代を問わずたえず起こっていたとみなければならない。生政治、すなわち身体あるいは生命に対する権力の浸透は、テクノロジーなしにはありえないものだ。だから厳密にいえば、現代社会とは、生政治激化時代の社会である。

19世紀のテクノロジーの劇的な発展がもたらした結果について、ひとは多くの場合、それによって改良された人間生活や、それと代償に破壊された自然環境のほうに注目する。つまり、人間の外部にある実体的対象に関心が向かうわけだ。だが、われわれがもっと深刻に考えなければならないのは、その際に、それと同じくらいに、テクノロジーによって人間身体そのものも造り変えられているという洞察である。人間自身の気づかぬ変化に目を向けること、そこに人文学者のすべき仕事がある。

近代、人間の統治にもっとも重要かつ特徴的な役割を果たしたテクノロジーは、いうまでもなく統計学である。天気予報や国勢調査、社会保険や選挙制、総力戦体制あるいは総動員体制にいたるまで、いたるところにこのテクノロジーは浸透していて、その存在が確認できない分野を探すほうがむずかしいくらいだが、とりわけ特徴的な役割を果たしたのは19世紀である。前近代的な社会を特徴づける地縁や血縁にもとづく中間団体は統計学によりほとんど不要のものとなった。国家がその内部のあらゆる事物を把握、統治する可能性が生まれたのである。ニュートン以来の古典力学は、過去から未来にわたる、人間を含むあらゆる事物を因果律のなかに埋没させる可能性を示唆していたが、その可能性は統計学においてこそ十全に開示される。古くは経済学者のウィリアム・ペティから初期の統計学者であるゴットフリート・アッヘンヴァル、数学者のラプラスやケトレーを経て、この努力ないし欲望は社会統計学に結晶した。興味深いのは、この世紀のもっとも偉大な歴史家のひとりであるジュール・ミシュレが次のようにいっていたことである。

国民性においては、地質学におけるとまったく同様に、熱は下の方にある。下へ下へと降りてゆきたまえ。諸君は降りるにつれて熱が増大することに気づかれるだろう。熱は下層で燃えているのである。

貧しい人びとは、あたかもフランスにたいして恩義がありフランスにたいして義務を負うているもののようにフランスを愛している。金持ちたちはあたかもフランスがかれらに属しておりかれらの恩義を受けているかのようにフランスを愛している。前者の愛国心は義務の感情であり、後者のそれは、権利の要求であり請求である。

（ジュール・ミシュレ＝大野一道訳『民衆』みすず書房、１９７８年）

人間は熱にたとえられる。もし読者が、19世紀のテクノロジーを生み出した「熱」にまつわるさまざまな言説を知っているなら、これをたんに詩的なものと捉えるだけでは不十分に感じられるだろう。ましてや、「熱」が「国民」という集団に、こういってよければ統計的なものに付与されているのだから、なおさらである。すなわち、19世紀の国民は個々人の意志にかかわらず巨視的には統計的にふるまうのであり、しかも熱力学的な均衡、ないしは算術平均である。だからミシュレは、下層の民衆がそれぞれなにを考えていようと、国民が総体としてもっている熱を考え、それと愛国心とを同一視することができる。つまり、19世紀のひとびとが気にかけているのは、国勢を規定する熱量であり、それらの総体が形成する「平均」だが、ここにはある前提が潜んでいる。すなわち、「平均」を定めることが可能であるということ、したがって悉皆（しっかい）調査が可能なほどに閉じた系が存在しているということである。それが19世紀の国家であると考えられた。

たとえばマルクスが剰余価値（メアヴェルト）について語ることを可能にしているのは、「平均的労働」が算出可能であるというそのことである。『資本論』のいたるところにあらわれる、いささか謎めいた「平均」の語は、現実の社会で実際に生じているはずのあらゆる生産と差し引きされるために唱えられる魔法の言葉である。しかし、そもそも社会の総体を決定することなしに平均は割り出せるものなのだろうか？

かつて奴隷が馬車馬のごとく働いたように、近代の労働者は機械装置のごとく労働する。両者には次のようなちがいがある。前近代の家畜は道端の草を自分で食べることができ、人間なしに生きられない動物でもないから、馬主は彼の生活を全面的に気にかけることはなかったし、もし死んでも新しいのと取り替えればよかった。だが、機械装置は人間なしには生きられないうえに、さまざまな社会的価値を計算すれば予想外に高価である。機械装置は自分で燃料を取ってきたりしない。持ち主は機械装置に必要な燃料を計算に入れねばならないように、雇用者は労働者の再生産に必要な食料も計算に入れなければならない。そのうえで、つまりかつて馬だった奴隷の食べる草まで計算に含めて、剰余価値は割り出される。このように、マルクスのいう「自然史」は19世紀の科学の主潮であるエネルギー論的な傾向が色濃いものだが、熱力学が統計力学に発展したように、マルクスの自然もまた、19世紀の人間がそうであるように、統計的なものである。総体が定まっているのだから、科学者がエントロピーの増大を気にしなければならないように、社会主義者は資本主義の限界、つまりプロレタリア革命を考えることもできる。

ここで必要な示唆は次の一点である。19世紀の人間は「熱量」としてあつかわれたということであり、また実際に熱だったということである。したがって、この熱＝人間は必然的に、閉じた国家の成員である国民に結晶した。

しかし、人間が熱量によって定義された時代は19世紀のことである。ハンナ・アーレントはマルクスの死んだ１８８３年に帝国主義が始まったことを印象的な筆致で記していたが（大久保和郎・大島通義・大島かおり訳『全体主義の起源　２帝国主義』みすず書房、２０１７年）、総体を画定するはずの国家は、ただちに帝国主義的な欲望に合流して植民地を求めた。こうして系はふたたび開かれた。そこから、本来なら実現される「平均的労働」を台無しにする安価な賃労働者がたえず供給されていたのである。

こうして19世紀末から人間は熱力学的平衡や古典的な算術平均から離れたが、人間がテクノロジーから逃れられるわけではなかった。

大衆の登場を印象付ける、スペインの哲学者オルテガ・イ・ガセットの『大衆の反逆』が著されたのは１９２９年である。彼はまたテクノロジーについても言葉を残している。

> あらゆる可能性にみちているがゆえに、技術はただもう空虚な形式――たんなる形式論理とおなじように――でしかなく、生の内容を規定する能力をもたない。それゆえ、われわれが生きている時代、人類の歴史上存在したこの最も技術的な時代は、最も空虚な時代の一つなのである。
>
> （前田敬作訳『技術とはなにか』創文社、１９９５年）

大衆に対する彼の批判的な眼差しとテクノロジーについての批判的言説が不思議に同期するオルテガをみるかぎり、20世紀、国民に代わって登場した大衆の存在には、まちがいなくこの時代のテクノロジーがかかわっている。むろん、オルテガの技術論に満足することはできない。この時代のテクノロジーには、「空虚」というわけではけっしてない、別の特徴がある。

19世紀後半に活発化し、20世紀前半にラジオやテレビとして結晶する遠隔地通信(テレコミュニケーション)ないし電気通信のテクノロジーは、熱にまつわるそれとは異なる。熱力学の第二法則にしたがい、かならず高温側から低温側にむかう熱伝導のような、一方通行の直線的なものではないし、惰性的に均衡していくものでもない。むしろ多数のノードを介して障害を回折し、あるいは中心を経由することなく、流行を生み出すものである。つまり、20世紀のテクノロジーの関心は熱にではなく《波》にあるのであり、また現実にひとは波としてあつかわれ、また自身もそのようにふるまう。

経済のありかたも変わる。経済学者ルドルフ・ヒルファーディングの重要な書物が1910年に世に出たように、資本は産業資本から金融資本へとシフトしていた。アメリカの会計士ラルフ・ネルソン・エリオットや株式評論家の細田吾一のごとき波動を中心とした経済言説が組み立てられるようになる。

必然的に、国家は統治の方法をあらためる。個々人の関心によらず統計的なふるまいにだけ注意を払った、ジョン＝ステュアート・ミルが楽観的に自由を語りえた19世紀の国家とはちがう。むしろひとが実際になにに関心を抱いているかに注意を払う。また関心の行き先を把握し、部分的に堰(せ)き止めながら選別し

（たとえば自由主義国家なら共産主義思想を）、コントロールすることに専心する。というよりも、国家はこの波に乗ろうとするのであり、またそのときに国勢は最大化される。国家は相対的に大きなノードであり転換器でもある《メディア》を支配しようとするのだが、完全な制限を目論むというよりもむしろ、メディアを通過する流れ、ベクトルを気にかけているのだ。だからこの時代のメディアが現実に対して無責任ということはありえないし、またナチズムやファシズムが典型だったように、それによって国家自身が大衆の関心に飲み込まれて破滅的な状況に落ち入りもする。

国民から大衆へ、言い換えれば、熱から波へ、世紀をまたいで人間は一変した。この変化はテクノロジーの不断の進化にもとづいている。だからこの生成変化を終えることはできない。20世紀半ばに登場した新たなテクノロジーは、今日、人間をふたたび巨大な生成変化に晒している。すなわち、情報である。サイバネティクスから、新たなテレコミュニケーション技術であり、波というよりも海をくまなく精査するインターネットの出現にいたって、いまや人間は情報の束であり、国家の関心は、たとえばゲノムのもつ遺伝情報のような情報の把握・統治に移行した。統計学が装いを新たに復活し、ファシストの抱く民族浄化の悪夢が実現しそうにみえる一方で、人間にはもはや情報の海を汲み尽くすことはできず、波に対するような堰き止めも不可能である。20世紀の流行のような国家規模の現象もほとんどない。もちろん、それ自体は内容をもたないテクニカルな媒体の浸透はある。だが、内容についていえば、ときに国家よりも小さく、ときに大きな、またときに国家を具体的な発信源とする、取得している情報にもとづいた団体＝島が継起的に形成される相互補完があるだけである。

このテクノロジーが歴史にどのような帰結をもたらすのかを予測することは、わたしの能力を超えている。すくなくともここまでの考察でいえるのは次の点にかぎられる。すなわち、テクノロジー＝手の思考を起点とする生成変化のうちに存在の本質を示しているわれわれ人間は、けっして不動の存在ではいられない、ということであり、情報技術のもたらす新たな生政治の危険と無縁ではいられない、ということである。

3　王はテクノロジーを死蔵すべく誕生した

《熱＝人間》、《波＝人間》、《情報＝人間》。

人間の三度の変身を近代の歴史に見て取ったわれわれは、もはや「想像の共同体」や「主権国家」なる概念に満足することはほとんどできなくなっている。近代国家は想像の産物でも、実体化された関係にもとづいて構成される超越論的観念(イデオロギー)でもない。テクノロジーにもとづいて具体的に作動する現実である。国民なる語、大衆なる語には、あいまいながらも微妙な使い分けがあること、しかも時代的な変遷があることを、歴史家は見て取らざるをえない。それぞれに対応する社会を考えるだけでも、近代をただ一様に、あるいは定まった帰結の過程として一線上に捉える議論には留保を付けざるをえなくなる。歴史的かつ地理的な背景をはらみながらも、19世紀には熱を制御しつつ開放するダイナマイトが、20世紀には波動を制御しつつ開放する核兵器が、それぞれの威力にもとづいて国家の厳密な輪郭と性格とを定め、また特定の場所に特定の仕方で局所化する暗黙の社会契約を形成した。19世紀には国民国家と国家間の軍事同盟とがあったが、20世紀にはそれよりも複数の国家を内包する圏（たとえば自由主義圏や社会主義圏、あるいはＥＵのような、一部に核兵器の保有国を含む）がこれに優越した。核兵器の廃絶可能性を悲観的に語るなら、それは新たなテクノロジーにもとづく兵器が発明されるときであり、さらにそれが古い兵器を時代遅れのものにする、新たな社会契約を実現するときだけである。《情報＝人間》の時代にそれを促すのはＡＩ兵器だろうか。この兵器はおそらく、巨大で圧倒的な死というよりも、死の遍在をもたらす。古い不安を克服する、この別種の不安が核にかかわる新たな社会契約を促す可能性はないとはいえない。

ここにきてわれわれは、ひとつの重要な論点に気づかされる。それは《王》についてのものだ。前近代の《王》は総じてテクノロジーを抑圧し、多くの場合にその産物を独占して、なおかつ技術それ自体の保持者には高い地位をけっして与えなかった。たとえばオランダ東インド会社のスウェーデン人傭兵ユリアン・スヘーデルは徳川家光の時代に、江戸幕府に大砲の着弾計算に必要な三角関数表を提供したが、歴代の将軍はこれを死蔵している。テクノロジーに対する、《王》のなかば無意識的な抑圧は、裏を返せば《王》という存在が歴史を通じて受け持ってきた、ほとんど宿命的な使命ともいえた。階級闘争史観に泥んだ者には暴力的な徴収にしかみえない豊臣秀吉の刀狩りも、ひとの忌み嫌う兵器を特定の人物に委ねてしまおうとする、民衆の不安から生じる秘められた意志のあらわれとみる解釈を禁じているわけではけっしてない。

われわれは「支配の正当性」について語るマックス・ヴェーバーの議論をひっくり返すべきかもしれな

い。暴力を独占した権力者がその正当性を誇示するために歴史的伝統や科学的合理性、あるいは自身のカリスマを持ち出すのではなく、すべては、否応なしに、それも世界大に拡散するテクノロジーがもたらす暴力的な事態に恐怖した民衆に端を発して、特定の人物にテクノロジーを委ねてしまうときに《王》なるものは発生するのだと。そのことは、今日においても変わっていない。核兵器を保持するほどの権力者に民衆が期待しているのは、このテクノロジーをもっぱら独占し、比喩的にいえば作動スイッチを握りしめたまま、死蔵することである。

歴史的には、技術官僚（テクノクラート）について、これを王（ヘッド）の命令に唯々諾々としたがう手足のごとき存在とみなすことに、われわれは慣れている。しかし、テクノクラートからみれば、まずもってしたがうのは王ではなく技術的合理性である。しかも技術的合理性は、スティグレールの指摘したごとく、科学的合理性よりもはるかに拘束力がすくない（スティグレール、前掲書）。というのも、科学的実験の失敗はたんに非合理性の発露、想定していた計算の非現実性を意味するが、技術的実験の失敗は成功同様にひとつの現実を意味できる。もうすこしいえば、ダイナマイトの意想外の暴発は科学的には非合理だが、技術的合理性はこれを兵器として使用することを許容する。王の存在は、潤沢な資金を提供してくれるとき以外には、むしろ文字通り一種の足枷であり、ひるがえって王の存在は、こうした人間のテクノロジカルな暴走を抑制する重要な人類史的叡智とみることもできたのである。もちろん、暴力の独占に失敗した王は失墜する。その点で先の正当性論と結果は変わらない。だが過程は異なる。暴力の独占に失敗した者を、民衆は王とはみなさないから、彼を失墜させるのである。この観点からいえば、王は暴力の直接の保持者ではなく、保持者は個々人であり、その使用を王の名に委ねているだけである。王にその力なしとみれば、ひとはそれを個々人の手許に取り返し、内乱状態をもたらす、ということなのだ。支配には、あらかじめ暴力の非対称性が埋め込まれているわけではないのである。

しかし、近代の人間は王殺しを実行した。それもジェームズ・フレイザーの指摘したネミの森の王とちがい、王位そのものを廃した。この解放奴隷は王を殺したあとも王位には就かず、奴隷の顔をしたまま無責任に金枝を振り回している。王殺しによりテクノロジーの抑制装置が解除され、人間は一挙にテクノロジカルな変身可能性を回復した。テクノクラートには、もはや王の指令にしたがう必要はなくなった。彼がしたがうのは技術的合理性のみである。こうして、テクノクラートたるわれわれは、決定的な大量破壊兵器の登場にいたるまで、技術的合理性が指し示しているバラ色のはずの未来に向けて、その道を突進した。そしてその結果生まれた最終兵器を死蔵すべく、あらたな社会契約が暗黙のうちに取り結ばれ、ひとびとはふたたび王を誕生させた。それが、アメリカ合衆国の大統領である。だからその後、核兵器は王位を望む者にとって、悪魔的な魅力を有した。いまでもその魅力は変わっていない。

4　精神の技術

もう一度、冒頭に示したバラク・オバマの発言に戻ろう。

彼のテクノロジーに対する物分かりのよさは、近代民主政体下の為政者としては敬意を表すべきものであり、彼のような人物がいるかぎり、ＡＩ兵器においてもアメリカは最先端を走るだろうが、視点を変えて、テクノロジーの抑制を恃（たの）むべき王とみる場合には心もとないものである。王の死、すなわちテクノロジーの抑制解除によって、人新世と呼ばれる地質学上の年代を到来させた近代の人間に必要とされているのは、もっと完全な、つまり暴力的な事態をもたらす可能性をもつテクノロジーそのものを抑制し、できることならこれを死蔵する、王政復古なのだろうか。

しかし、そこに可能性はほとんどないようにみえる。秀吉やナポレオンのごとく、けっきょくは独占した暴力の使い所を求めて、あらたな戦場を作り出すほかなくなるのだ。そして大半の王は、贖罪山羊（スケープゴート）に歴史的な、重苦しい衣裳を着せたにすぎない。世界中に散らばっている、また散らばりつづけるテクノロジーを独占＝死蔵できるほどの為政者の登場に期待するのは得策ではない。

すでに3千年前のギリシア人がオイディプスの伝説に寄せて認識していたように、人間はテクノロジーなしに生をまっとうすることができない。人間は狂ったように前進する動物であり、テクノロジーはときに部分的に失われることはあっても、原理的にけっして後戻りはしない。だからわれわれに可能なのは、どんなテクノロジーならば、未来を実現できるのかを問うことだけである。

未来について語ることは、どこまでも投企的（スペキュラティヴ）なものである。だが、それでも歴史を用いることは許されている。

17世紀のヴェルラムのベーコンは、今日でいう「芸術」をも意味した「技術（アルス／テクネー）」について、これを「精神的なもの」と「有用なもの」とに区別しつつ、後者を称揚した最初のひとであり、近代技術思想の出発地点となった（『学問の進歩』服部英次郎・多田英次訳、岩波文庫、１９７４年）。ベーコンのこの区分は、やや複雑な経路を通りつつ、けっきょくは要するに、技術から芸術が分離したといっていいのだが、もっと別の可能性を示唆してもいる。

先述したように、技術は後戻りしない。もっと厳密にいえば、ある系統の技術が、なんらかの形で廃れ、ときに死滅すること、たとえばローマ帝国の「ガルム」や「水道」、東ローマ帝国の「ギリシアの火」のように、国家や民族によって独占されていた技術がそれらの崩壊とともに喪失する場合があるとしても、現に生きている系統流を遡って、有用性のより劣る状態に戻ることはない。シモンドンが、技術とは「累積的 cumlatif」なものであるといっていたのは正しいのである（Simondon, *op.cit.*）。ところで、ベーコン以前の芸術を含む技術のアマルガムが、近代における有用性の過剰な累積を押しとどめていたと考えることはできる。すなわち、技術の進歩を抑制していたのは、王の存在だけというわけではけっしてなく、技術に付与された「精神的なもの」もまた、同じ役割を果たしていた可能性について考えることができそうである。

この区別を近代的な心身二元論に重ね合わせてはならない。内側に精神を、外側に身体を配置する近代にお馴染みの構図は、しかし有用性が原理的に利己的なものであることを考えたとき、崩壊する。有用性とは、都合よく選別された外なる自然を人間身体の内部に取り込むことにほかならず、オイディプスの杖は、まさにその意味において、人間身体の内部に取り込まれ、捕獲された都合のよい自然＝外部である。したがって「精神」がたんに内部を意味するのであれば、結果は同じことである。というか、有用性にもとづく技術よりもずっと狭い弧を描いて自己に回帰する、つまり本質は同じだが相対的に弱い技術というにすぎなくなる。だから「精神」に技術に対する批判的基盤を求めるのであれば、この語はもっと別の意味で使用されねばならない。

先に自然とは《巻き込み》を意味するといった。技術はこの《巻き込み》に自ら参与する力能である。ハイデッガーが指摘していたように、古代ギリシア人のテオリアは、この《巻き込み》に反対するように対象を見尽くし、むしろ対象を遠ざけつつその距離を測ることである。もっといえば、対象とわれわれとのあいだにひとつの間隔（ゾーン）を設けることであり、そこに実現しているのは《巻き込み》に反するようにして、対象に投げつけられた《放射状の精神》である。したがって、この精神は内部にではなくむしろ外部にある。

こうした考え方は奇妙だろうか。たとえば個々の芸術作品を考えてみよう。詩でも、絵画でも、彫刻でも、音楽でもいい。作品とは、たんなる自然の模倣（ミメーシス）（自然の取り込み）ではない。むしろ、自然と作家とのあいだに設けられたひとつの《間隔（ゾーン）》である。したがって自然にも似ているが、作家にも似ていると考えることができる。芸術史における写実主義とロマン主義の不毛な二者択一は、同じものの両面を別々に捉えることに始まっているが、すくなくともベーコンの区別を原理的に踏襲するのであれば、芸術すなわち精神の技術は、有用性に反する放射状／投射状の精神を意味すると考えるほかないのである。

むろん、有用性ないし合理性にこの精神は反するのだから、裏を返せば、一種の狂気である。ただし、この狂気は論理性をまったく欠いているというわけでもない。一方でこの狂気は古代ギリシア人にとっての《理論（テオリア）》であって、別種ではあっても十分に論理性を備えたものである。

だからわれわれの未来には二つの可能性があることになる。すなわち、王政復古の可能性と、そして《王》を欠いた古代ギリシア人の編み出したテオリアの可能性、いいかえれば精神の技術たる芸術（アルス）、さらにいえば精神をその意味で用いるかぎりにおける、人文学（アルス）の可能性とである。

Ⅱ　各論　人文学と自然

第5章

萬葉後期の自然観照——情調の表現をめぐって

奥村 和美

1　梅花歌の序

新元号が「令和」と定められ、典拠として示された『萬葉集』巻五「梅花歌三十二首」の序に、にわかに衆目の集まったことは記憶にまだ新しい。

序冒頭の「天平二年正月十三日、帥老の宅に萃(あつま)り、宴会を申(の)ぶ。時に初春の令月、気淑(よ)く風和(やは)らぐ」は、宴会の日時と場所と時節を述べた簡明な文章だが、続く「梅は鏡前の粉を披(ひら)き、蘭は珮後(はいご)の香を薫る」の対句部分には読みにくさを覚えた向きも多かっただろう。「鏡前の粉」は、女性が化粧のために向かう鏡の前のおしろいのこと。白い梅花をおしろいのようだと比喩するのは、中国詩文の例に倣うものである。梅に蘭を番(つが)えるのも同様で、したがってこの蘭は、いまよく目にする洋花のそれではなく、よい匂いのする香草を指す。隠士が帯につける佩(はい)のように蘭が香ると言って、文雅の宴にふさわしい佳い時節であることを表す。蘭は、梅との対を構えるためにもちだされたにすぎず、宴席の実景ではない。また、梅花は実景であるとしても、おしろいの比喩は作者の実感によるのではない。そのように、自然の景色を実感にもとづいて現実的に描写した文章でないところが、現代のわれわれにとって多少とも読みにくさを感じさせる一因となっていよう。特におしろいの比喩は、白い色彩と軽小な形状という外面的特徴から梅花と結びつけられていて、取って付けたような感は否めない。しかし、その比喩によって鏡台の前で化粧をこらす、宮女風あるいは伎女風の女性の像が一瞬、目に浮かび、つややかでなまめかしい雰囲気が漂うことも確かである。そのような優艶な雰囲気は、序のこの部分のみならず、32首の和歌の中のそこここに漂っている。

平城京遷都以降のすなわち萬葉後期においては、すでに自然を、人とは切り離された外物として対象化し観照する態度が形成されている。庭園という人工的な空間で梅花を賞美し、梅花をいわば題のようにして集団で歌を詠むこともその一つの現れである。それとともに、観照的に捉えた物に、雰囲気や気分を付帯させる傾向も見えてきている。雰囲気や気分といった言語化しにくいものが、萬葉後期においてどのようにして和歌に表現され、どのような質をもつのか、「梅花歌」を中心に考察してみたい。

2　方法としての擬人化

32首の中から、次のような歌をとりあげる（便宜、a～gの記号を付した）。

a　正月(むつき)立ち　春の来(きた)らば　かくしこそ　梅を招(を)きつつ　楽しき終(を)へめ
（巻5・815　大弐紀卿）

b　梅の花　散らまく惜しみ　我(わ)が園の　竹の林に　うぐひす鳴くも
（巻5・824　少監阿氏奥嶋）

c　春なれば　うべも咲きたる　梅の花　君を思ふと　夜眠(よい)も寝(ね)なくに
（巻5・831　壱岐守板氏安麻呂）

d　春さらば　逢はむと思(も)ひし　梅の花　今日の遊びに　相(あひ)見つるかも
（巻5・835　薬師高氏義通）

e　春の野に　鳴くやうぐひす　なつけむと　我(わ)が家(へ)の園に　梅が花咲く
（巻5・837　算師志氏大道）

f　我(わ)がやどの　梅の下枝(しづえ)に　遊びつつ　うぐひす鳴くも　散らまく惜しみ
（巻5・842　薩摩目高氏海人）

g　うぐひすの　待ちかてにせし　梅が花　散らずありこそ　思ふ児(こ)がため
（巻5・845　筑前掾門氏石足）

「梅花歌三十二首」は、天平2（730）年1月13日に大宰帥(だざいのそち)であった大伴旅人(おおとものたびと)の邸宅で催された宴席で詠まれた歌で、参会者は、主人の旅人をはじめ、大宰府の下僚達、また、筑前・豊後・筑後・壱岐・大隅・対馬・薩摩など管轄諸国の、国守・掾(じょう)・目(さかん)といった官人達である。地方での私的な宴とはいえ、これらの人達が自由に誘い合って集合したとは考えにくく、大宰帥旅人の意思のもと半ば公的な性格をもつ宴であったと考えられる。出詠した32人以外の出席者がいただろうから、あるいは百人以上の大規模な催しであったかもしれず、周到な計画・準備なしには成立し得なかっただろう。宴席で梅花を主たるテーマに歌を詠むことも、あらかじめ参会者には通達のうえ、了解されていたのだろう。

右のa～gの7首は、いずれも、新春の庭園で矚目(しょくもく)した自然の景物を擬人化した表現を有する。梅はもちろん、ともに詠まれる鶯(うぐいす)も、擬人化の対象である。芳賀紀雄氏によると、これらの擬人化は、主客未分の意識に発する素朴な表現とは異なり、中国の六朝初唐期に盛行した詠物詩の影響のもと、物への感情移入や物の擬人化が方法として学び取られたものだという（芳賀紀雄『萬葉集における中国文学の受容』塙書房、2003年）。梅や鶯など春の季節を代表する自然の景物を取り出し、いったん人とは切り離しつつ、そのように感情移入や擬人化をはかるところには、単に自然の景物を、知情意をもつ人間に見なしたというのではない、ある傾向が認められるように思われる。

例えばa歌を見てみよう。正月となり暦どおり春が来たなら、このように毎年梅を招いて歓楽を尽くそう、と詠む。第四句は梅に対して「招(を)く」と言う。ヲクは、上代、「風招(かざをき)」（日本書紀・神代）の例があるように、必ずしも対象が人に限定されるわけではないが、ここでのヲクは宴に招待して一緒に愉しもうと言うのだから、梅を賓客とみなす擬人的表現と言える。やや不自然な見立てに見えるかもしれないが、根底には、年ごとの梅の開花を、花の訪れと見る発想がある。タノシは、集中では、酒食満ち足りた充足感を言うことが多い（佐竹昭広『萬葉集抜書』岩波書店、1980年）が、ここでは春に花の訪れを迎えとった歓びが含まれる。

梅は参会者の一員とみなされたように、宴の歓楽の中で、梅と人との間には一種の共感関係が結ばれている。それは、梅を「かざす」行為に端的にうかがわれる。同じ「梅花歌」の中にこのような歌がある。

年のはに　春の来らば　かくしこそ　梅をかざして　楽しく飲まめ

（巻5・833　大令史野氏宿奈麻呂）

a歌と類型を同じくする歌で、ちょうどa歌の「梅を招きつつ」と第四句の「梅をかざして」が置換可能な表現である。カザスは、植物など、多くは常緑樹を頭部につける行為で、萬葉後期には、装飾性を強めつつなお、本来の感染呪術の性格をとどめるものであった（平舘英子『萬葉歌の主題と意匠』塙書房、1998年）。ここも、春に咲いた梅花を身に付けることで、その瑞々しい生命によって人の生命が賦活させられることが期待されている。梅を賞美するとは、単に眺めるだけではなく、そのように身に近づけて愛でる、交感とも言うべき行為であった。

梅と人との濃厚な共感関係は、作者によってはさらに踏み込んで、梅と人との恋愛関係へと発展する。c歌を見てみよう。春が来たからというので、なるほどその通りに咲いた梅の花よ、「君子」であるあなたのことを思って夜も寝られない、と詠む。下句は、開花前の心情を表すのであろう。梅を「君」と呼ぶところに擬人化は明らかである。晋の王徽之が竹を愛好し「此君」と称した、有名な中国の故事（世説新語・任誕）を踏まえる。高い貞節の持ち主である「君子」は、宴に集まった官人達の共通の理想でもあって、

君子へのあこがれは、下句の梅への情を、共感以上のものにしている。「君を思ふと　夜眠も寝なくに」は、

……我が恋ふる　君にしあらねば　昼は　日の暮るるまで　夜は　夜の明くる極み　思ひつつ　眠も
寝かてにと　明かしつらくも　長きこの夜を
（巻４・４８５　相聞）

という舒明天皇、あるいは皇極天皇の作と伝えられる古歌をはじめとして、

眠も寝ずに　我が思ふ君は　いづく辺に　今夜誰とか　待てど来まさぬ
（巻13・３２７７　相聞）

など、相聞に見える恋情表現である。離れている相手に対して、夜、どう過ごしているのかと気をもむ。相手が男ならば、訪れを待ちわび焦燥する女の気持ちを表す。c歌で、梅はそのような恋の相手であり、開花を待ちわびる心が異性への恋情のように表されている。特に、c歌では、梅を「君」と称したことに応じて、恋情の主体としては女性が想定される。ここで、作者板氏安麻呂（板茂連安麻呂かという）に、とりたてて女性に仮託しなければならない理由は見出しにくく、漢語「君子」「君」の翻訳語として「きみ」を用いたことの結果にすぎないとも言えるけれども、恋情が女性の口吻によって表される点は注意しておきたい。

d歌も、「逢ふ」とあるように、梅を恋の相手として擬人化する。春がやって来たら逢おうと思っていた梅の花よ、そなたに今日の宴の席で出逢おうとは、という歌である。「春さらば　逢はむと思ひし」は、次の歌に類似する部分がある。

夕さらば　君に逢はむと　思へこそ　日の暮るらくも　嬉しかりけれ

（巻12・2922　正述心緒）

の上句は、おそらく相手の男との約束ができていて、それで夕方になったら男が尋ねてきてきっと逢えるだろうと期待する女の気持ちを表す。それと同様に、d歌は、春が来れば梅の花が咲く、その自然の理りを、あたかも約束していた恋人と逢うことのように表すと見られる。したがって結句の「相見つるかも」も、

眉根掻き　下いふかしみ　思へるに　古人を　相見つるかも

（巻11・2614　正述心緒）

の「相見つるかも」と同じく、恋の相手に思いがけず出逢った驚きと喜びをいう表現と見た方がよい。宴席の大勢の参加者の中で、偶然、契りを結んでいた恋人に出逢った、こんなところでどうしてあなたと…、という体である。

花が咲くこと、咲く花を賞美することを、恋しい相手に逢うことのように表現することは、c、d歌に特別な表現ではない。たとえば、天平年間の作と見られる、下級官人やその周辺の無名の人達の歌に、次のようなものがある。

君が家の　花橘は　なりにけり　花なる時に　逢はましものを

（巻8・1492　遊行女婦「橘の歌」夏雑歌）

秋萩に　恋尽くさじと　思へども　しゑやあたらし　またも逢はめやも

（巻10・2120　「花を詠む」秋雑歌）

前者は夏雑歌、後者は秋雑歌に分類されている。前者は、橘の花期を逃したことを悔やむ歌で、「逢はましものを」――逢いたかったのに、というところには、「君」に逢いたかったという思いがほのめかされている。遊行女婦（あそびめ）らしい媚態のある歌である。後者は、萩が散ることを「またも逢はめやも」――また逢えようか、いやもう二度と逢えないのだ、と言って、花を見られないこと、そのために思い乱れることを、はっきりと「恋」と認識するものである。とはいえ、どちらも、「相聞」ではなく「雑歌」に分類されているように、あくまでも夏や秋の季節の景物を詠むことを主眼とした歌と編纂者には理解されていて、人への恋情を、自然に託してあるいは自然を比喩として詠んだ歌とは解されていない。つまり、「橘」や「萩」という景物を詠む歌でありつつ、そこに一種の風趣として恋情がからめられていると見なければならない。恋情は、作者一人一人の恋愛事情を反映するものというよりは、ごく一般的な「恋」というものであって、現実の個別具体性を欠いた恋情が、客観的な物を対象として気分的に漂ってくるところにこれらの歌の特色がある。花を擬人化して、花の咲くことに花から人への恋情を捉える、

去年（こぞ）の春　逢へりし君に　恋ひにてし　桜の花は　迎へけらしも　（巻8・1430「桜花の歌」春雑歌）

においても同様である。そのように恋情を気分化して相聞的情調として醸しだす詠み方を、中国の詠物詩の受容のもとに方法的意識をもって行うのが、c、d歌であろう。いま、詠物詩の艶情との関係について述べることはしないが、相聞的情調は、c歌のように逢えない歎きという悲哀であることもあれば、d歌のように、逢い得た充足という喜びであることもある。情調のこの二方向は、大宰府での男性官人を中心

とする宴席において、一方は、奈良の都を思う、とりわけ置いてきた妹を思うしんみりとした雰囲気につらなり、一方は、新年の賀宴の華やかで明るい雰囲気へとつらなる。

3　とりあわせ——梅花と鶯

梅に恋するのは人ばかりではない。季節を代表する物と物とのとりあわせの固定化にともない、物どうしの関係にも擬人化がはかられる。g歌は、鶯が待ちわびていた梅の花よ、せっかく咲いたのだからこのまま散らずにいておくれ、私の思うあの子のために、と詠む。第二句「待ちかてにす」というのは、

相見ては　千年（ちとせ）や去（い）ぬる　いなをかも　我や然（しか）思ふ　君待ちかてに
（巻11・2539　正述心緒）

しきたへの　衣手（ころもで）離れて　玉藻なす　なびきか寝（ぬ）らむ　我を待ちかてに
（巻11・2483　寄物陳思）

のように、待ち続けてもうこれ以上がまんできないというほど待ちあぐねることをいう。「待ちかぬ」にほとんど同じだが、待っている間のつらさが頂点に達した、その極限状態をいう。g歌の、鶯が梅花を待ちあぐねた、というのは、右の2首のように、鶯を女に、梅花を男にみなす擬人的表現で、鶯にとって梅花は恋の対象である。

季節を代表する物どうしをこのように関係付けることは、『萬葉集』の中で、花と鳥の間によく見られ

るが、萩と鹿との間に最も顕著に見られる。

さ雄鹿の　心相思ふ　秋萩の　しぐれの降るに　散らくし惜しも
（巻10・２０９４　柿本人麻呂歌集非略体歌「花を詠む」秋雑歌）

我が岡に　さ雄鹿来鳴く　初萩の　花妻問ひに　来鳴くさ雄鹿
（巻８・１５４１　大伴旅人　秋雑歌）

さ雄鹿は萩に心を寄せ、萩の花を妻として訪れると詠む。広く擬人化と言ってよい表現である。しかし、鳴く鹿、咲いて散る萩の花は、どちらも等しく秋の景物として賞美の対象である。景物は景物として取り出しつつ、それらを恋愛関係にあるかのように扱うことによって、景全体に恋情を気分として漂わせている。人麻呂歌集歌は、その物と物との間にある恋情が、「散らくし惜しも」という、人の物への愛惜の念にわかちがたく結びついている（人麻呂歌集歌の理解については、内田賢徳「包摂する情感――人麻呂的なるもの」『國文學　解釈と教材の研究』43－9、１９９８年を参照）。一方、旅人歌の場合、そのような主観性が後退して、景物の客観的な表現が主となっているところに、恋情のさらなる気分化が見られる。旅人を含む萬葉後期においては、特に、四季折々に変化する自然の景物を詠む場合、見えた物を見えたままに描くことよりも、そのような気分化した恋情、すなわち相聞的情調に包んで表すことが好まれたのだろう。それは、和歌における自然の表現の一つの洗練であり、天平期の貴族的趣味の好むところでもあった。大陸渡来の梅花を賞美するという、当時の最新の風流を体現したこの宴席において、鶯が梅花を恋すると歌うg歌も間違いなく同じ流れにある。

結句の「思ふ児がため」は、鶯と梅花のつくりだす相聞的情調とゆるやかに連続していて、自分の愛しいあの子に見せてやれたらと思っている。ここで宴に関係ない女性を想起するのは唐突であるとして、「思ふ児」は鶯を指すと解釈するのは、少しく見当違いであろう。美景を前に恋人を想起するのは、

我がやどの　一群萩を　思ふ児に　見せずほとほと　散らしつるかも
（巻8・1565　大伴家持「和ふる歌」）

このしぐれ　いたくな降りそ　我妹子に　見せむがために　黄葉取りてむ
（巻19・4222　久米広縄「宴歌」）

のように、それを見せてやりたい、一緒に見たいと思うからである。では「思ふ児」は都の妻のことなのか、赴任先の新しい女性なのか、と穿鑿することには意味がない。「思ふ児」という恋の対象にちらっと触れることが、耽美的享楽的な雰囲気を盛り上げるのであって、ここで特定の誰かをさす必要はない。右の4222番歌の、越中の宴で詠まれた広縄歌においても、ことは同じである。これは、「梅花歌」の、

妹が家に　雪かも降ると　見るまでに　ここだも紛ふ　梅の花かも
（巻5・844　小野氏国堅）

が、あえて初句に「妹が家に」と置くことにも通じる。この歌は、作者国堅が「妹」の家で詠んだ歌を披露したのではないだろう。「妹が家に雪」と、序詞的枕詞によってあの子の家に行くという意味の連鎖を作ることが、男が愛しい女性のもとを訪れる恋の場面を想起させて、雪のイメージに甘やかな気分を付帯させる（枕詞の「喚情的機能」については、稲岡耕二「萬葉集への案内（二）」和歌文学大系2『萬葉集（二）』解説　明

治書院、２００２年を参照）。ｇ歌で、「思ふ児がため」と言って、どこかで私を待っている女性、そして彼女に美しい花を見せてやる得意、彼女の嬉しそうな反応等を想起させることは、述べたような相聞的情調を漂わせることと軌を一つにする。それは、翻って、序において雪を女性の装うおしろいに比喩する、中国詩文の方法にも通じていて、参会者には広く共有された表現方法であったと考えられる。

4　関係性の把握　①鶯の恋

ｂ、ｆ歌も、鶯と梅花の間に恋愛関係を捉える歌である。ｂ歌は、梅花が散るのを惜しんで、庭園の竹林で鶯が鳴く、と詠み、ｆ歌は、この庭園で梅の下枝を飛び移りながら鶯が鳴く、梅花が散るのを惜しんで、と詠む。「散らまく」は、「散らむ」を体言化するク語法で、散るだろうことの意。いま梅花が散っているのではなく、やがて散るのを予期して鶯が鳴く、というのである。鶯の「鳴く」ことに「泣く」に通じる悲哀を捉えて、その情意を花への愛惜と解している。ｂ歌は、竹林で鳴く鶯を詠んでいて、鶯が梅花の散ることを心に思って鳴くのだと、より鶯の内面に入った詠み方であるが、これも鶯の鳴くことに花への愛惜の情を捉えることに変わりはない。ｆ歌は、梅の枝で鳴く鶯を詠むが、「花」の語はなく、「散らまく惜しみ」という鶯の情意を通して花がイメージされるところに細かい工夫がある。

これら「散らまく惜しみ」という愛惜の中心にあるのは、

秋萩の　散り行く見れば　おほほしみ　つま恋すらし　さ雄鹿鳴くも

秋萩の　散り過ぎ行かば　さ雄鹿は　わび鳴きせむな　見ずはともしみ

（巻10・2150「鹿鳴を詠む」）

（巻10・2152「鹿鳴を詠む」）

の鹿の、散る萩への恋と同じく、鶯の、梅花への恋である。b、f歌も、鶯と梅とを春の賞美すべき景物として取り出し、それらを恋愛関係にあると結びつけることによって、二者を、たとえば「花に鳥」といった一つの絵画的構図に置くとともに、相聞的情調をその構成された景全体に雰囲気としてまとわせている。特に、b歌の「散らまく怨之美（をしみ）」の「を」の表記「怨」は、指摘されているように、表音用法でありつつ表意性を兼ねる（稲岡耕二『萬葉表記論』第二篇第一章「序論」塙書房、2011年）。鶯が散る花に対して、あたかも去っていく恋人に対するように、わたしを捨てていくのかと怨む意を含ませるのだろう。鶯と梅花の擬人化とともに、表記によっても相聞的情調を喚起していると言える。

そうすると、冒頭には掲げなかったが、同じ「梅花歌」の、

梅の花　散りまがひたる　岡辺（をかび）には　うぐひす鳴くも　春かたまけて

（巻5・838　大隅目榎氏鉢麻呂）

の、鶯の鳴くことには、梅花の散ることを惜しむとする擬人化があると見てよいのではないか。「春かたまけて」は、春の時節を待ち設けての意。いよいよ春となったのに早くも散る梅花を鶯が惜しんで鳴いていると見るのである。表面的には、早春の野での散り乱れる梅花と鶯との客観的な描写しかないが、梅花と鶯とのその取り合わせによって恋情を暗示し、相聞的情調を言外ににおわせていると捉えることができ

る。この平明かつ優美な詠風は、山部赤人の、

百済野の　萩の古枝に　春待つと　居りしうぐひす　鳴きにけむかも

（巻８・１４３１　春雑歌）

という歌に近い質をもち、ひいては平安朝和歌へと連なるものだろう。

5　関係性の把握　②梅花の恋

梅花はここまで、人にとっても鶯にとっても、もっぱら恋の対象であったが、梅花自身の恋を詠む歌もある。e歌は、春の野に鶯がやってきて鳴く、それを手なずけて離れないようにしようとこの家の園に梅の花が咲く、と詠む。第三句「なつけむ」のナツクは、馴れ親しませる意で、特に相聞的な語彙ではないが、そこに単に親しませるという以上の意味が感じられていたであろうことは、ナツクの形容詞形ナツカシの例から知られる。

岩が根の　こごしき山に　入りそめて　山なつかしみ　出でかてぬかも

（巻７・１３３２　「山に寄する」譬喩歌）

麻衣　着ればなつかし　紀伊の国の　妹背の山に　麻蒔く我妹

（巻７・１１９５　藤原卿「羇旅作」）

前者は「譬喩歌」で、山に入ったまま出られないことを比喩として、いったん関係をもった相手への離

れがたさを表す。後者は、旅の途次で見かけた女性に心ひかれたことを、肌にまとう麻衣の感覚を通して表す。同じ「梅花歌」の、

霞立つ　長き春日を　かざせれど　いやなつかしき　梅の花かも

（巻5・846　小野氏淡理）

の「なつかし」も、「かざす」という身体的接触を基にした梅花への深い共感がある。鶯を「なつけむ」は、鶯を引き寄せて離れないようにしようの意で、そこには右の諸例に見たような、恋着ともいうべき強い恋情を見ることができる。野に鳴く鶯を恋い慕って、庭園の梅が懸命に咲いて、こちらへ来いとアピールしていると見るのであろう。花と鳥の間では、先述のように花が女、鳥が男に見立てられることが多いが、「梅花歌」においてその見立ては固定的ではない。梅花を「君」と呼んで男性に見立てる例は、c歌で見たとおりである。同様に、e歌では、梅花が男で、なかなかものにすることができない女が鶯に見立てられていると考えられようか。もっとも、そのような見立てによって相聞的情調が漂えばよいのであって、かならずしもそこに作者の現実の恋が反映している必要はない。

6　主客の反転

このような梅や鶯の擬人化と、「梅花歌」の次の歌とは矛盾的だろうか。

世間(よのなか)は　恋繁(しげ)しゑや　かくしあらば　梅の花にも　ならましものを

（巻５・８１９　豊後守大伴大夫）

世の中にあっては、恋のなんと煩わしいことか、こんなことならば梅の花になりたいものなのに、と詠む。下句について、諸注釈は、いっそのこと無心の存在になりたいと解するものと、この庭園の梅花になってせめて恋しい人のそば近くにいたいと解するものとにわかれる。前者は、

かくばかり　恋ひつつあらずは　石木(いはき)にも　ならましものを　物思はずして

（巻４・７２２　大伴家持　相聞）

などの、恋のつらさを訴える類想の歌を根拠とし、後者は、都の吉田宜(よしだのよろし)が「梅花歌」を見せられた返信に大伴旅人に贈った歌、

後(おく)れ居て　長恋(ながこひ)せずは　み園生(そのふ)の　梅の花にも　ならましものを

（巻５・８６４）

を根拠とする。前者は、梅を「石木(いはき)」のような情意をもたないものとする点で、これまで見て来た歌とは相反する捉え方を見せる。後者は、その点を考慮しての新しい説だが、「恋」を旅人に対する慕情に限定することになり、初句「世間は」と一般化したこととつりあわない。

恋の苦しみのために、いっそのこと花でありたいというのは、

我妹子(わぎもこ)に　恋ひつつあらずは　秋萩の　咲きて散りぬる　花にあらましを

（巻２・１２０　弓削皇子「紀皇女を思ふ御歌」）

長き夜(よ)を　君に恋ひつつ　生けらずは　咲きて散りにし　花ならましを

（巻10・2282「花に寄する」秋相聞）

などと同じ発想である。「咲きて散りぬる花」「咲きて散りにし花」すなわち咲いて散ってしまった花というように、ひとたび生を受けたがたちまちに死んでしまった、そういう存在でありたい、つまり苦しみに耐え続けることなくあっけなく死んでしまいたい、と訴える。無心で咲き散る花になりたい、というのとは異なる。しがって、819番歌は、恋のつらさに耐えきれずにいっそのことあっという間に咲いて散ってしまう梅の花になりたいと願う歌と解される。その恋は、

秋萩に　恋尽くさじと　思へども　しゑやあたらし　またも逢はめやも

（巻10・2120　前掲）

白露と　秋萩とには　恋ひ乱れ　別くこと難き　我が心かも

（巻10・2171「露を詠む」秋雑歌）

うぐひすの　声は過ぎぬと　思へども　染みにし心　なほ恋ひにけり

（巻20・4445　大伴家持「即ち鶯の哢くを聞きて作る歌」）

の、秋萩や白露や鶯のような、季節季節の心奪われる自然の景物への恋、すなわちここでは梅花への恋であろう。梅花への恋に苦しみ、それならば逆に恋される梅花になりたいと思うところに機智がある。梅花に対するその捉え方は、「梅花歌」の中で、梅花が、咲くものであると同時に散るものとしても詠まれ、「梅の花　我家の園に　咲きて散る見ゆ」（巻5・841）と詠まれることとも符合する。それは、咲ききってあとは散るしかない、いやもうすでにもう散りはじめている眼前の梅の盛りの様と、恋に苦しむ自らとを重

ねあわせるものである。擬人化とまでは言えないが、景物である梅花と恋をする自己とを対峙させつつ、意識的に二者を重ねあわせる点で、やはり梅花には相聞的情調が纏綿と漂う。

7　仮構

梅花を擬人化し恋情の対象とすることは、この直後、ある趣向を取ることによって、梅花を女性として形象化する一首を生んだ。

梅の花　夢に語らく　みやびたる　花と我思ふ　酒に浮かべこそ
一に云ふ「いたづらに　我を散らすな　酒に浮かべこそ」
（巻５・８５２「後に追和する梅の歌」）

梅花の宴が終わって程経ぬ頃、同じ主題で詠まれた「追和」の歌４首中の最後の歌である。作者は不明だが、大伴旅人とも山上憶良とも言われる。「梅花歌」32首は、「員外」の２首と「追和」４首とをあわせて、一大歌群を形成している。つまり、右は、この歌群をしめくくるべき最終歌である。花を酒盃に浮かべるというのは、「梅花歌」に、

春柳　縵に折りし　梅の花　誰か浮かべし　酒坏の上に
（巻５・８４０　壱岐目村氏彼方）

とあったのを承ける。いったい誰が梅花を酒盃に浮かべるなどという風流なことをしたのだ、という問い

に対して、他ならぬ梅花が自ら望んだのでそうしたのだ、と答えたわけである。ただし、そのとき、「梅の花　夢（いめ）に語（かた）らく」と、梅花が夢に現れて本心を語るという趣向を構える。これは、諸注釈が指摘するように、琴が、夢の中に娘子となって現れ、君子の左琴（さきん）として愛玩されることを願う琴娘子（ことおとめ）の趣向（巻5・810、811）に同じである。

さらに付け加えるならば、神女がやってきて宴に加わるという趣向は、天平九年の、

春二月に、諸（もろもろ）の大夫等、左少弁巨勢宿奈麻呂（こせのすくなまろ）朝臣の家に集（つど）ひて宴する歌一首

海原（うなはら）の　遠き渡りを　みやびをの　遊びを見むと　なづさひそ来（こ）し　（巻6・1016）

右の一首、白き紙に書きて屋の壁に懸（か）著けたり。題して云はく、蓬莱の仙媛の　化（な）れる嚢縵（ふくろかづら）は風流秀才の士の為（ため）なり、これ凡客の望み見る所ならじか、といふ。

に引きつがれている。「蓬莱の仙媛」自身が、「みやびをの遊び」である宴の様子を見たくてわざわざ海の彼方からやって来た、と歌う。「嚢縵」は、おそらく宴席での「かざし」にした物であって、かつ虚構の存在である「仙媛」の変化したものでもある。

梅花もまた、宴果てた後の、時と場を異にする自由な雰囲気の中で、中国神仙譚によく見える、君子の夢に現れた中国風の神女に仕立てられている。酒盃に浮かべてほしいとは、そのように風流なやり方で、花であるわたしを愛でてほしいということだが、一方では、神女が君子の枕辺に伺候（しこう）したいと進み出たことを暗示して、相聞的情調はいっそう艶冶（えんや）に濃厚である。恋の主体は異なるけれども、先述した、女性の

口吻をかりて恋情を表すことでもたらされる相聞的情調（２　方法としての擬人化）に等しい。梅花への恋は、中国詩文の知識をもとに、梅花をこの世ならぬ神女の姿に形象化し仮構するとともに、神女自身の口から恋を語らせた。「梅花歌」でさまざまに表された、梅花への恋に対する返答を、梅花自身に語らせ、それによって「梅花歌」を含む一連の歌群を閉じるのである。つまり、梅花の宴に集った官人達の共通して志向する「みやび」を、神仙趣味に彩られた虚構の世界の上に具象化して、この歌群全体を収束させたと捉えることができる。

以上、「梅花歌」において擬人化の方法をもって歌われた歌に特徴的な、相聞的情調について考察した。それらが、自然を客観的な賞美の対象として取り出しつつ、見えたままを見えたままに描くのではなく、物と人あるいは物と物との間を恋愛関係で結ぶことによって、相聞的情調を付帯させていたことを見てきた。

恋情は、具体的な特定の誰かへの情というよりは、観念的な「恋」というもの、普遍的な感情としてのそれであって、それが物を賞美するという観照的態度にともなうことによって、気分や雰囲気となって一首全体を情調で包むのであった。さらにその相聞的情調は、男性知識人の空想の中で物を通して女性の姿に形象化され、非現実世界を仮構することすなわちフィクションを歌うことへと展開したことを指摘した。物を詠むときのこのような方法が、たとえば萬葉後期の次の世代である大伴家持にどのように継承されたのか、今後の課題としたい。

第6章

言霊と直毘霊——近代日本の自然概念

田中　希生

1　自然概念の難解さ

自然とは何か。われわれは「自然」なる語を、とくに深い考えもなしに、日々さまざまな場面で使用している。ときに本性や本質などと翻訳されることもあるNatureよりも、ずっと身近なものとして、われわれは、この語を多様な文脈のなかで変幻自在に使用している。そのときにはさして問題にならない。だが、わざわざこの概念が使用される必然性をたどっていき、そしてひとたび「とは何か」と問いかけるなら、問題は一挙に複雑化する。いったい、われわれは何に、あるいは誰に問いかけているのだろうか？　この哲学的な問いかけは、《対象》を必要とする。というより、問われたものが《対象》であることを要求し、そればかりか、それをなかば強制的に《対象》に変える。

われわれはときに、おのれをかたどる表皮を世界の分割線として、一方に精神の名を与え、他方に自然の名を与えることがある。一方は内部や内面などとも呼ばれ、他方は外界や外部とも呼ばれる二つのカテゴリーを構想するこのやりかたは、近代人にはきわめて馴染み深いものだ。だが、自然とは何かを問題にしているわれわれには、この分割は奇妙な同語反復を生みだす装置にしかみえない。自然とは主体にとっての対象にほかならないとするこの構想は、一種の鏡を想起させる。すなわち、問いによって対象化された自然をみて、これを対象とみなすおのれについて語っているにすぎないのである。

ともあれ、自然をわれわれの外界そのものとして把握することを可能にする、この表皮にもとづく分割線は便利なものだ。自然とは主体にとっての対象である。対象化され、その意味で認知主義の網にかかった鏡像を『純粋理性批判』のカントは現象と呼び、鏡像の彼岸には不可知の物自体を置いた。いわゆる自然科学は「私の外なる星をちりばめた空」、すなわち前者をその活動範囲にするにすぎないが、一般的には、この活動範囲が次第に自然と同一視されるようになった。しかし、自然の語はけっしてそこにおさまっているわけではない。認知主義の網にかからない後者に真正面から取り組んだ『判断力批判』のカントが見いだしたのが、対象化の禁止、いわゆる《無関心》である。つまり自然とは、ここでは対象と呼ぶほかない、なにものかのことである。ときに「崇高な対象」とも呼ばれる認知主義の残余について、われわれがこれを自然と呼ぶことを、カントはからなずしも遠ざけているわけではないし、判断中止（エポケー）のごとき特殊な態度を含めて、現象学者のように拡張された認知主義を考えることもできる。

しかし、この晦渋な回り道は、けっきょくのところ、自然について、冒頭の使用法に戻ることを意味する。要するに、普段何の気なしに、とくに深い考えもなしに口をつく、その使用法にしたがって、この語を用いるほかない、というところに帰ってしまう。寝室で、夏の暑さに身の危険を覚えて「暑い」と口にしたときにはたしかに触れていたはずの自然、しかしこの事態に意識的に取り組んだときには、それはたんに室温という函数に還元され、熱をなんらかの形で、とりわけ工業製品を用いて強引に室外に吐き棄てることで、かつて感じていたはずの自然ごときれいに忘れ去ってしまう。室外の温度がもはや手のつけられないほど上昇していたとしても、ひとが意識を注ぐのは室内の温度だけ、というわけだ。

　自然をめぐる、こうした関心と無関心とのあいだの奇妙な弁証法は、ありふれたものであり、そしてきわめて近代的なものだ。しかし、ついに自然には達しないこの思考法が、現実的な意味での近代において、ほんとうに機能していたかどうかを疑う権利はもちろんある。シェークスピアがリア王の私生児（ナチュラル・サン）エドマンドの口を借りて語った力としての「自然」のように、あるいはホッブズやルソーの「自然状態」のように、さもなければマルクスのいう歴史の最終審級である「自然史」のように、自然の語が、カント主義のいささか消極的な用法に折り目正しく収まっていたというわけではけっしてなかった。われわれが主題にしようとしている近代日本の言説空間において興味を覚えるのも、こうした近代的弁証法の外側で使用されていた《自然》である。近代が近づくにつれ、徐々にひとびとの関心を引いた《自然》の概念は、話者によってさまざまに形を変えながら、近代におけるもっとも重要な概念として、次第に言説空間の中心的な位置を占めるようになる。本稿が跡づけようとしているのは、こうした自然概念の歴史である。

2　道――近世社会の最終審級

近世社会において、自然はもっとも重要な概念だったわけではけっしてない。歴史の最終的な決定権をもつ包括的概念は、自然よりも《道》である。安政５（１８５８）年、かの大獄を控えた江戸の不穏な情勢を主君島津斉彬に伝えるため、中山道を通って急遽(きゅうきょ)薩摩へ帰還中だった鎌田正純は、日記に次のような一節を残している。

◎　八月八日、晴天、戌、
一今日道明之筈候処一昨夜之雨ニ而又々相損通路無之、……
中山道上州にて川支、八日道支八日の滞りニ逢、公の急きある身にしあれと、天災力ニ及ハねハ災せん
憂せきハ吾身を玉に成すの理りとやと思ひ侍りて
　愚なる身をさへ玉に磨けとや
　　かく天地の戒しむるらむ
　　事と理りとハ二ツなき訳を
　理りの外にありてふ道もなし
　　ミちより更に又事もなし

（『鎌田正純日記』）

折からの豪雨による通路留めに苦しみながら、鎌田は「理」と「事」とを包括する「道」について語っている。われわれが自然概念にカテゴライズする天災にせよ、社会概念にカテゴライズする公務にせよ、それらはいずれも「道」において生じるという点で、一体のものとみなされている。朱子学においては、「道」を支配する、さらに上位の概念である、絶対的な超越を意味する「太極」を想定することはもちろんできる。この概念には、近代自然科学においても、たとえば物理学者のニールス・ボーアのような支持者を探すことができるが、元来、「太極」は完全無欠の指令者たる天帝およびその指令たる天命を想定した、中華帝国の皇帝の存在と重なる背面世界論的な概念であり、人間からみればそれらは終局的には「道」に吸収され、同一視されてしまうものである。鎌田の思考をたどっていけば、親交のあった安中藩の儒者太山融斎の影響を想定することができるが、いずれにせよ近世のひとびとが関心を示していたのは、「理」と「事」と、別のいいかたをすれば「知」と「行」とを一致させる「道」であるといわねばならない。

伊藤仁斎が「道」を「路」にたとえていたことはよく知られている。「道はなお路のごとし。人の往来するゆえんなり。故に陰陽こもごも運る、これを天道と謂う。剛柔相須うる、これを地道と謂う。仁義相行なわるる、これを人道と謂う」（『語孟字義』）。道は外界の路と同じものであり、したがって道は、環境の論理（天／陰陽）、物体の論理（地／剛柔）、そして関係の論理（人／仁義）という、近代人が自然と社会といういいかたで画然と区別するものすべてを含む知的かつ実在論的な総体である。

朱熹は『中庸章句』のなかで「人物各々其性ノ自然ニ循（シタガ）ヘバ、則チ其日用事物之間、各々当ニ行フベキノ路（ミチ）有ラザルナシ」（傍点筆者。以下同）といっていたが、仁斎の「道」理解が朱熹からはずれていないことはすぐに理解できる。ここでいう「性ノ自然」は「理」に通じるのであって（性即理）、もちろん社会と区別される自然を意味しない。人から物にいたるまで、「路」において・「路」として表現され、決定される潜在的な本質である。

同じ仁斎の『語孟字義』からもうすこしみておこう。

学問の法、予岐つて二と為す。曰く血脈、曰く意味。血脈は、聖賢道統の指を謂ふ。孟子の所謂仁義の説の若き、是れなり。意味とは、即ち聖賢書中の意味、是れなり。蓋し意味はもと血脈の中より来る。故に学者当に先ず血脈を理会すべし。若し血脈を理会せざるときは、則ち猶ほ船の柁無く、宵の燭無きがごとく、茫として其の底り止まる所を知らず。然れども先後を論ずるときは、即ち血脈を先とし、難易を論ずるときは、則ち意味を難しとす。何ぞなれば、血脈は猶ほ一条路のごとし。既に其の路程を得るときは、則ち千万里の遠きも、亦た此より致る可し。

「理」や「徳」の内容である「意味」とともに、「血脈」がなければ学問は成りたたない。難易において、「意味」は「血脈」を優越するが、そもそも「血脈」なしには「意味」は成りたたない。「血脈」は「意味」を可能にする前提である。たかだか世代ごとの解釈を集めたにすぎない「意味」と異なり、世代を重ねて積みあげられた「血脈」は、真理の恒久性や客観性を担保する重要な指標となる。だから学問がたんに二つに区分されるというよりも、近世的な真理を構成する不可分の一対として提示されている。

ともあれ、この書全体をつうじて、仁斎には、「道」なる概念に対応する指標を外的なもの、物体的なものに求める姿勢が顕著である。この姿勢によって見いだされたのが、「血脈」や「路」である。もちろん、「血脈」は、たんに自然主義的な肉体をのみ指し示しているわけではない。神君家康の血を受け継ぐ徳川宗家の、あるいは家康を将軍に任命した天皇家の血を示唆する、その点で国家の近世的正統性(「道統」)を担保する社会的なものだ。

だが、そうした社会的なものと自然的なものの混濁を度外視するなら、概念と対象とがつくる一対一対応関係を基盤とする近代自然科学の萌芽的前提を独自な形で示しているといってよく、端的にいって、その姿勢は実証主義的である。

ただし、物体的な事物の論理に属する「血脈」や「路」と、精神的なものの論理に属する「道」とのあいだの、近代的な視座からみた混濁を問題視することはできる。

荻生徂徠は『弁名』にいう。

生民より以来、物あれば名あり。名は故(もと)より常人の名づくる者あり。これ物の形ある者に名づくるのみ。物の形なき者に至ては、すなはち常人の睹(み)ること能はざる所の者にして、聖人これを立ててこれに名づく。

常人は名のあるところに物を、物のあるところに名を想定する。だが聖人はちがう。彼は物のない場所にも名を与えることができる。ところで、名だけがあって、物のない状態とは、無から有にいたるあわいを示す起源を意味するのではないだろうか。ひるがえって聖人とは、事物のはじまりの謂いではないだろうか。かくして、今度は「道」を論じた『弁道』において、こういわれることになる。

先王〔聖人〕の道は、先王の造る所なり。天地自然の道に非ざるなり。

徂徠はこうして、仁斎が認めていた「道」の客観的対応物（路・血脈）を消し去ってしまう。「道」もまた、「徳」や「仁」などと同様、物体的な論理のはたらく現実の世界にその足場をもたないのであって、「道」とは純粋な観念、実在的というよりフィクショナルな制作物であり、また聖人は肉体的な「血脈」の起点というより、もっぱらフィクションの制作者の謂いとなる。

徂徠によって、「道」は事物の論理から切り離され、明確に精神の所産となった。と同時に、「自然」から社会的な決定権が奪われ、精神の世界の住人である聖人がその権利を独占することになった。だが、これら諸概念のドラマを「自然」の側から眺めるなら、それまではあいまいな形で右往左往していたこの概念は、名と事物との対応関係のなか、この閉域に、逆説的にもはじめて明確な領土を与えられたことになる。すなわち、社会的なものの仁斎的混濁が取り払われ、「私の外なる星をちりばめた空」に正確に限界づけられたのである。

3　自然概念の発生と展開

さて、われわれは、伊藤仁斎の古学に近代実証主義の萌芽を見いだしてもいいし、また丸山真男のように、仁斎の「道」に自然（実在論）の名を、荻生徂徠の「道」に作為（虚構論）の名を着せて、両者のつくる心身二元論的な学説史に近代的弁証法を働かせてもいい。カント的な区分に、近代自然主義の問題についての主要な解決策を求め、彼らに日本における近代＝西欧的自然の名義争いをさせるのが、まったくの無意味というわけではもちろんない。だが、近代日本において、現実に、しかも独特な形で一貫して作動していたのは、彼らの語る「自然」ではなかった。

明治初頭の心理学者、呉秀三の議論をみておこう。

夫レ精神作力ガ脳髄ノ機能タルハ精神病学ニ於テモ生理学ニ於テモ近時大ニ興リタル自然哲学ニ於テモ其証例ノ極メテ牢確ナルコトナリ而シテ面貌動作ノ精神作力ト連絡アルコト亦以上縷述セル所ノ如シ果シテ然ラバ則チ精神ト身体トノ必相須（あいまつ）ヲ説クモ誰カ其不可ヲ称スルモノアランヤ誰カ敢テ其説ヲ間然スルモノアランヤ而レドモ身体一般ト精神トノ関係ヲ説クノ緊切ナルハ脳髄ト精神トノ関係ヲ説クノ緊切ナルニ若カズ而シテ脳髄モ亦身体ノ一局部タルモノナレハ誰カ能ク「脳髄ト精神ト相須（ま）ツノ理ヲ説クハ身体ト精神ト相ヒ須ツノ理ヲ説クニアラズ」ト云ハン

（『精神啓微　脳髄生理』）

呉は「面貌動作」と「精神作力」の「連絡」を根拠に、精神の作用が脳髄の機能にすぎないことを強調している。ここでいう「自然哲学」は主としてダーウィンの進化論を指しているが、ともあれ精神を肉体と同一の位相に置こうとする呉の批判の標的は、心身二元論にある。次の一節ではさらにそれが強調されている。

精神作力ノ機関タル者ハ脳髄ナリ精神作力ハ即チ脳髄ノ機能ノミ生体現象ノ一ニ過ギザルナリ呼吸ノ肺管ニ於ケル消化ノ胃腸ニ於ケル血行ノ心臓脈管ニ於ケルト何ゾ別タン……。

つまるところ、脳髄のおこなう精神作用とは、肺のする呼吸と変わるものではない。近世における道と路とのあいだに繰り広げられる二元論を、物体の側に統一しようとする彼の峻烈な態度を、自然と社会をないまぜにする社会進化論の一種と笑うべきではないし、穏健な一対一対応にもとづく実証主義と混同すべきでもない。それは学説史上の転倒した理解にすぎず、この皮相的な理解は、むしろそれが待望される明治期の言説上の編制を探究する機会を失わせる。

次の用語法に注意しておこう。

感触ハ天然ノ発表ト自然ノ言語トヲ有スルモノニシテ吾人ノ感動ハ夥多ナリト雖モ之ヲ特表スルノ現象ハ一定不変ナリ……各種ノ感触ハ各種ノ面貌ヲ呈シ各種ノ感触は各種ノ筋動ヲ起シ感触ノ甚シキ

モノハ発シテ声音トナリ腺機ノ分泌トナリ（汗浹ヒ涙落ツ）全身ノ潑動トナル其発表ノ大小強弱一モ其感触ノ緩急劇易ニヨラザルコトナシ

冒頭の「感触」は外界の刺激に対する感覚（感情）を意味しているが、問題は、そのすぐあとに登場する「天然」と「自然」とが、「発表」と「言語」とによって区別されていることである。もちろん、すでに説明した精神＝身体的言説を前提とするかぎり、この区別を心身二元論的な区別と同一視することはできない。「発表」は面貌動作の変化を意味し、「言語」は汗や涙と同じ位相にあって、いわば強い「発表」と考えられる。しかし、「天然」・「自然」の語のニュアンスを汲んで、もうすこし別の区別もできそうである。すなわち、「発表」は精神＝身体のより外面的な弱い発現であり、「言語」は汗や涙などと同じく精神＝身体のより内側から発現する強い「発表」である、という風に。つまり、われわれが身体とみなすものに、内外の段階を設けているのである。あるいはこういってもいいだろう。外なる自然である「天然」と、内なる自然である「自然」とがある、と。彼が議論の外に批判的に放逐しようとしているのは、外界との通路をもたない、その意味で観察の範囲からはずれた、ついに内部にとどまる観念的な精神（自意識）である。

こうした呉の用語法は、けっして彼に特異なものというわけではない。福沢諭吉の議論に触れておこう。

智恵と徳義とは、あたかも人の心を両断して、各その一方を支配するものなれば、いずれを重しと為しいずれを軽しと為すの理なし。二者を兼備するにあらざれば、これを十全の人類というべからず。然るに古来、学者の論ずる所を見れば、十に八、九は、徳義の一方を主張して事実を誤り、その誤の大なるに至ては、全く智恵の事を無用なりとする者なきにあらず。世の為に最も患うべき弊害……。
（『文明論之概略』）

福沢は精神を「智恵」と「徳義」とに区別している。力点はあきらかに前者にあるが、両者はどのような点で区別されているのだろうか。

「徳義」の定義は次のようなものだ。「徳義は一人心の内にあるものにて、他に示すための働にあらず。修身といい、慎独といい、皆外物に関係なきものなり」。「結局、外に見わるる働よりも内に存するものを徳義と名るのみにて、西洋の語にていえばパッシーウとて、我より働くにはあらずして、物に対して受身の姿と為り、ただ私心を放解するの一事を以て、要領と為すが如し」。つまり、徳は外界との接点をもたない消極的なものだ。福沢の用語でいえば、徳は徹頭徹尾、「私徳」である。

一方の「智恵」はどうか。「智恵は人に伝わること速にしてその及ぶ所広し、……智恵の働は日に進て際限あることなし、……人の智恵を糺すに試験の法あり、……智恵は一度びこれを得て失うことなし、智恵は互に依頼してその功能を顕わすものなり……」。つまり「智恵」は外界との積極的な接点をもつ。したがって、内なる精神における智徳の区別は、外部との接点を有すか否かであり、福沢は内部にとどまるものとしての徳を彼の議論から放逐しようとしている。だから次のように主張されることになる。

少しづゝにても人情に数理を調合して社会全体の進歩を待つの外ある可らず。（「通俗道徳論」）

つまり、内なる精神は「数理」の「調合」により可視化される（たとえば彼のいう統計学（スタチスチク））わけだが、この「数理」に対応しているのが「智」である。こうした奇妙な精神論を前提に、福沢の目指すところは次のようなものである。

人の精神の発達するは限あることなし、造化の仕掛には定則あらざるはなし。無限の精神を以て有定の理を窮め、遂には有形無形の別なく、天地間の事物を悉皆（しっかい）人の精神の内に包羅して洩すものなきに至るべし。この一段に至ては、何ぞまた区々の智徳を弁じてその界を争うに足らん。あたかも人天並立の有様なり。天下後世、必ずその日あるべし。（『文明論之概略』）

「造化」は伝統的に非人称の生成を意味する荘子の用語だが、明治期には、natureの訳語として採用されることの多かった語である。また、「発達」した「精神」は、先述の「数理」の「調合」されたもの、すなわち「智」を意味しているとみなければならないが、「智」それ自体も外界と接点をもつのだから、natureと同じものを意味できる。「天」（＝nature）にすべては包摂されるが、それは「精神」が「天」を包摂する可能性をも示唆しているのであって、だから福沢は「人天並立」（別のところでは「天人合体」）の夢を抱くことができる。

ここで呉秀三の用語法に立ち返っておこう。呉にとっても、「吾人精神ノ興感ハ豈ニ外部アリテ然ル後ニ存スモノニアラズヤ」であり、「観念」なる「精神作用」といえども「肉体作用ヲ以テ初マラザルモノナシ」である。ならば先に引いた「感触ハ天然ノ発表ト自然ノ言語トヲ有スルモノニシテ……」の一節に使用されている語もまた、福沢の議論と同じ配列をもつと考えていい。すなわち、福沢のいう「造化」ないし「天」が呉の「天然」に、そして「精神」ないし「人」が「自然」に対応していることがわかる。福沢が「徳」を退ける態度と、呉が対象をもたぬ「観念」ないし「自家意識」を退ける態度は同じものであって、「天然」と「自然」とのあいだを連絡させる呉の議論は、「智」の外界との連絡可能性や「天」と「人」との並立可能性を語る福沢の文明論のきわめて正確な心理学的変奏といえる。ここにおいて、「天然」＝natureは人間精神を含みこむ形で、「自然」＝natureなる語に包摂されることになる。近代日本において、自然は、もともと精神と物体とのちょうどあいだ、こういってよければ主体と対象とがつくる結節点にある。つまり、身体は物体同様に自然においてあるのだが、精神もまた、自然においてある。すべては自然＝精神に包摂されるのだ。

4　純文学者の自然概念

われわれは、西欧文明、ないしは西欧自然科学に対する、明治期の知識人たちの極端な信頼が、nature

の訳語として、かえって「天然」よりも「自然」を選ぶ結果を招くという逆説をみた。本来の語感からいえば、内部よりも外部、自己よりも他者に属する「天然」のほうが、natureの意味にふさわしかったはずである。だが、「天然」の語はそのおよぶ範囲を狭めてしまい、いまではずっと限定された場面で用いられる語に変わっている。かわって、自己を含む「自然」の語が、natureの意味を占拠したのである。

注意すべきは、福沢が唯一の淵源である、などとは考えないようにすることである。福沢は「自然」よりも「造化」を好んだし、西周など、ほかの誰かにその起点を預けられるわけでもない（西は「天然」ないし「造化」を用いる）。日本語の「自然」に西欧語のnatureが合流する経路は、ずっと複雑であり、また近代を遡って前史が描かれてしかるべきである。問題は、鉤括弧つきで用いられる「自然」なる語の外形（シニフィアン）の形成史ではないし、またカント主義や儒学、仏教あるいは自然科学をモデルとしてこれを思想史的に位置づける——というよりも代理表象する（リプレゼント）——ことでもない。自然の概念は、思想史や概念史のような言語的な水準で語られるべきものではなく、人間が存在するかぎりずっとつきまとうような、自己の内外から発せられる無言のメッセージのごときものである。人間がどれほど遠くまで存在の幅を拡張しようと、自然を上回ることはついぞありえず、また人間存在が過去や未来にどれほど食指を伸ばそうと、自然のはじまりや終わりを経験することはない。だから自然の概念について真に語ろうとするなら、むしろ、それらシニフィアンやリプレゼンテーションとは別の形で構想される、人間が否応なしにかかわらざるをえない、この概念の独特な変遷を捉えることでなければならない。

重要なことは、natureに精神が包摂されることにより、かえって精神が外界を闊歩するようになったことである。この事態は、近代日本の自然概念の歴史上、特異な状況をもたらしたといっていい。というのも、この概念は、より精神的な内容をあつかうとみえる文学上の課題として、作家の世界においておそらくもっとも先鋭的な社会問題を提供したからである。
佐藤春夫は次のようにいっていた。

当時、一般には〔文学上の〕自然主義と社会主義とをほとんど同じもののように誤解していた。
（『詩文半世紀』）

同じようなことは、自然主義作家の代表格である田山花袋もいっていた。

明治四十年から四十二三年にわたる間の自然主義運動の猛烈であつたことは、今更こゝにそれをくり返すまでもない。自然主義といふ言葉は何処でも彼処でも言はれた。変な意味にさへ用ゐられた。否、そればかりではなかつた、その尖つた方面は、飽までも実行とつゞいてゐたために——今までのやうに単なる小説の運動ではなしに、社会運動と相連接した形が歴然としてその上にあらはれてゐたがために、後には政府の注意をも惹くやうになつて、不健全な、不道徳な、危険な思想であるやうに考へられて行つた。例のほんの芽であつた幸徳秋水等の社会運動とつゞいて行つてゐるやうにさへ思はれた。
（『近代の小説』）

もうひとつ、自然主義文学のもう一方の代表格、島崎藤村について語った社会主義者、白柳秀湖の発言を引いておこう。

僕は藤村の詩を抱きしめたまゝ、平民社の社会主義運動に趨（はし）つたが、そこに少しの撞著（どうちゃく）も感じなかつた。……なぜ、藤村の詩と小説とは僕の社会的思弁とあんなにたやすくあんなにきれいに融合することが出来たのであらうか。（「藤村氏の詩及び小説と初期の社会主義運動」）

近代文学の黎明期に勃興したのが自然主義文学だったのは周知の事実だが、それはたんに文学上の、あるいは言語上の運動にとどまっていたわけではなかった。同じく黎明期にあった社会主義運動と同一視されていたのである。自然主義小説を書くことは、もっぱら政治運動だったのだ。もちろん、西欧文学史のオーソドキシーからいえば「誤解」だが、だからといってこれをたんに非現実として歴史から排除することはできない。というのは、ここまで確認したかぎりではすくなくとも福沢諭吉以来の、日本の「自然」概念の独自な成立過程からいって、むしろ正当な範囲の論理的必然性をもっているといえるからである。要するに、精神＝身体的言説の可能な発展形態としての、文学＝政治運動なのである。

これについては、社会主義者の使用法を確認しておく必要があろう。大逆事件に際して官憲に検挙された幸徳秋水の自己弁護を引いておこう。

即ち私共が革命というのは、甲の主権者が乙の主権者に代るとか、丙の優良な個人若くば党派が、丁の個人若くば党派に代って、政権を握るというのではなく、旧来の制度組織が朽廃衰弊の極、崩壊し去って、新たな社会組織が起り来るの作用をいうので、社会進化の過程の大段落を表示する言葉です、故に厳正な意味に於ては、革命は自然に起り来る者で、一個人や一党派で起し得る者ではありません。

（「獄中から三弁護人宛の陳弁書」）

問題になっていたのは、彼の主張していたアナーキズムの標榜する「直接行動」の概念である。一般的にはストライキや小作争議などの団体行動を指すが、暗黙に、暴力をともなう革命が射程に入ったものでもある。それに対して彼の弁明は、「自然に起り来る」という点にある。だが、この「自然」がなぜ「直接行動」とつながるのか、この一点において、彼の弁明は不明瞭である。彼はさらにいう。

人間が活物、社会が活物で常に変動進歩して已まざる以上は、万古不易の制度組織はあるべき筈はない、必ずや時と共に進歩改新せられねばならぬ、其進歩改新の小段落が改良或は改革で、大段落が革命と名けられるので、我々は此社会の枯死衰亡を防ぐ為めには常に新主義新思想を鼓吹すること、即ち革命運動の必要があると信ずるのです。

（同前）

彼は革命運動が「新主義新思想を鼓吹すること」であるという。つまり革命運動とはもっぱら言語上の運動にすぎない。言語にもとづく革命運動という主体的な活動は、一方で直接行動であり、なおかつ「自然に起り来る者」である。戦後社会のこしらえた「自然」観念に馴染んだわれわれには、この事件で彼が検挙されたのは国家のフレームアップにしかみえないが、彼らの使用する概念の水準から丹念に追っていけば、そうした紋切り型の国家・社会の二元論的な理解・暗黙の階級闘争史観では追いつかないものがある。

死刑の判決後、幸徳のもとを訪れた堺利彦は次のような言葉をかけている。

> 非常のこととは感じないで、なんだか自然の成行のやうに思はれる。
> （「死刑の前（腹案）」）

それに対して、幸徳はこう答えている。

> 死刑！　私には、洵（まこ）とに自然の成行である。これで可いのである。兼ての覚悟あるべき筈である。私に取ては、世に在る人々の思うが如く、忌はしい物でも、恐ろしい物でも、何でもない。
> （同前）

「私」の政治的行為と自然の成行とが弁証法なしに結びつく、こうしたやりとりを、ここまで論じてきた「自然」概念なしに解釈するのは危険である。彼の言い分を素直に受け取るなら、直接行動とは、ひとがその語に感じるような物理的な暴力をともなうものではなく、もっぱら言語上の運動にすぎないが、にもかかわらずそれは革命運動であり、しかも主体的な運動であるにもかかわらず、また「直接」という語の意味にもかかわらず、同時に「自然に起り来る」ことを意味できる。また「自然に起り来る」にもかかわらず、彼が革命の首謀者であることにはかかわりなく、したがって、死刑は「自然の成行」である……。

戦後の政治思想史家が、大逆事件に国家権力による社会的なもの・市民的なものの弾圧というおなじみの構図を描いてみせようと、その思いなしをすり抜けるように、自然をめぐって、マルクス主義の好む「自然史」よりもずっと複雑な、そして独自の思考が展開されている。

こうした幸徳の「自然」観をふまえつつ、自然主義文学に話を戻そう。それは自由民権運動以後の社会・政治運動と「相連接」した形をたもち、しかも同時に、日本において独自に発展した《私小説》の嚆矢でもあった。ここには「自然」と「私」とが矛盾なく同居できるような、先の幸徳の議論と同じ独特の言説上の編制がある。すなわち、「自然」の概念にかかわることは、客体というよりも主体にかかわることであって、『布団』の田山花袋のごとき、西欧文学史を熟知する戦後の批評家が嘲笑を浴びせるような、主体についての風変わりな態度を要請するのである。

ここにわれわれは、「自然」のみならず「主体」についての、日本独自の成立過程をみることができる。西欧においても、自然をみることは同時に主体をみることだが、それは決定的に対立するがゆえに弁証法を可能とする、その意味で二元論的なものである。だが日本においてはあきらかに事情が異なる。主体はときに自然に包摂され、あるいは逆に自然が主体に包摂される、弁証法抜きの、一種の入れ子構造をかたちづくっている。別のいいかたをすれば、主体から自然へ、自然からふたたび主体へ、といった際限のない連続(セリー)があるのであって、ここにおいて、近代日本的主体化は生じているのである。

大逆事件から30年後の１９４０年、すなわち大東亜戦争のさなかに、小林秀雄は次のように発言している。

文学者が文章といふものを大切にするといふ意味は、考へる事と書く事との間に何んの区別もないと信ずる、さういふ意味なのであります。……海とか空とかいふ言葉は、悟性の約束による記号ではない、海や空といふ実物に繋り、海の匂いも空の色も映してゐる。善とか悪とかいふ意味だけで出来てゐる様な言葉にしても、文学者は、長い人間の歴史の脂や汗に塗れているさういふ言葉の形をしかと感じてゐるのであつて、歴史の脂や汗を拭い去つて了つたら言葉はもはや言葉ではなくなる、それはただ推理の具と化するのであります。……文学者の覚悟とは、自分を支へてゐるものは、まさしく自然であり、或は歴史とか伝統とか呼ぶ第二の自然であつて、自然を宰領するとみえるどの様な観念でも思想でもないといふ徹底した自覚に他ならぬ事がお解りだらうと思ふ。これは一方から言へば自然や歴史を心を虚しくして受容する覚悟とも言へるのである。

（「文学と自分」）

小林によれば、言葉は実体を欠いた、たんなる記号論的な共時的約束とは異なる。実際の海や空、すなわち外界との接点を有し、善悪のような観念にみえるものにすら、歴史という第二の自然を認めなければならない。したがって、その覚悟をもつはずの文学者の用いるあらゆる言葉は、徹頭徹尾、自然とともにある……。この時期にあっても、文学者と「自然」との結びつきを強調せねばならないと小林が感じるほど、この概念は依然として重要なものだった。しかし、彼のいう「自然」の内容がどのようなものか、具体的に確認しておく必要はある。

戦後、橋川文三は、昭和10年代という「不安の時代」にあって、小林秀雄・保田與重郎のふたりをもっとも成功した「戦争イデオローグ」と呼んでいた（『日本浪曼派批判序説』）。橋川によれば、彼らは西欧の「知性」に対する「反知性主義の浸潤」をもたらし、またその「典型的代表者」だった。

いったん、保田に紙幅を割こう。日本浪曼派の首魁（しゅかい）である彼においても、「自然」の概念は重要なものである。１９３８年、英雄ヤマトタケルを一個の詩人として称揚する『戴冠詩人の御一人者』の序文のなかで、彼は次のように事変を賛美していた。

> 日本は今未曾有の偉大な時期に臨んでゐる。それは伝統と変革が共存し同一である稀有の瞬間である。日本は古の父祖の神話を新しい現前の実在とし有史の理念をその世界史的結構に於て表現しつゝ、行為し始めたのである。……戦争は一箇の叙事詩である。恋愛は叙事詩でなく抒情詩の一つである。この時期に我らは物語小説と詩文学を区別する。今は英雄が各個人の心に甦り、個人が国民と英雄を意識し、己の中にみいだす日である。英雄とは歴史の抒情に他ならない、人間の抒情がまさに詩人であつたやうに、意志と精神の決意は一つの抒情を歌ひあげる。

保田にとって、戦争とは叙事詩であり、叙情詩でもある。というより、歴史のほうが、記紀神話の叙述でもあり抒情でもある詩の記述を追いかけるように展開される。いかにも極端なロマン主義的言説だが、保田のいう「理想」はどういう意味をもつのだろうか。

　本居宣長は上代日本人の「自然観」を明らかにすることに生涯を費やした。〔富士谷〕御杖がその見解に反対し、如何にも粗放めかしいところを訂正した。……さういふ「自然」の中に見出されたものが、神の血統の自然としての順序であり、人為の政治的秩序ではない。宣長の中世以降排斥の説には、かつて以上な憧憬の現れとしての上代の自然観を見てゐたのであつた。その自然観があつた。日常の言葉としての「自然」を以て、泰西近世の「自然に還れ」と語呂合せ的に解釈してはならない。その注意はけふの科学的精神の精密の誇りのために必要である。「自然」を具体的に云へば、同殿共床である。（同前）

「同殿共床」とは、天照大神が天皇の住まう宮殿から伊勢神宮に遷された崇神天皇以前の状態を指す。つまり、「自然」とは、神と人とが同じ場所を共有することだ。保田は本居宣長の「自然観」を称賛しつつも、富士谷御杖の宣長批判に注意を促している。それは何を意味しているだろうか。

宣長の文学的「覚悟」を示すといっていい概念に、「直毘霊」がある。この概念が具体的に意味するところは、古事記上巻にある神代の記述を素直に信用するということだ。だから、たとえばアマテラスは文字通り太陽となる。御杖には、宣長の直毘霊はあまりに不合理にみえた。保田のいう「粗放めかしいところ」とはそれを指している。そこで御杖が唱えたのが「言霊（ことだま）」である。

御杖によれば、古事記上巻、神代の記述は、事実ではない。人代を画す神武期のひとびとの理想、道徳、御杖の用語でいえば「教（おしえ）」が書かれているのであって、彼はこれを「言霊」と呼ぶ。

言霊については、次節で詳しくふれるが、保田が「憧憬の現れとしての上代の自然観」というのは、御杖の言霊をふくめたいいかたであって、「同殿共床」はどこまでも「憧憬」にすぎない。つまり、保田は神代を歴史として把握することを暗に否定しているのだが、それが「けふの科学的精神の精密の誇りのために必要」という発言につながる。

保田がこの小論の主題に据えたヤマトタケルについて、彼は「日本武尊の悲劇の中の伊吹山の物語の構想の中心をなすものは言霊信仰である」といっていた。伊吹山に登るヤマトタケルの口をついて思わず出た「言挙（ことあげ）」、発するや別の意味をもってしまう言葉が発話者にもたらす悲劇をもって、保田は理想の現実化の格好の事例をみていた。保田にとって、「自然」はどこまでも人間的な理想にすぎない。理想とは、その意味するところとは別の出来事を招来しつつ、そのことによって未来における悲劇的な現実化を待っている言葉のことである。戦後、保田が「海中深く廃棄された放射性物質」のごときあつかいを受けたのは周知の事実である。保田には、もとより世界を滅びのうちに捉える敗北者の美学があった。そして実際、彼の戦争賛美は、戦後、現実の彼に社会からの徹底した排除という悲劇をもたらすのだから、彼は彼の「自然」を真に生きたのである。彼はもともと敗北者とともにいた。だから、戦後も彼は転向することなく、おのれの立場を孤独に貫くことができた。

しかし、《言霊》にもとづく異様な「自然」観は、けっして純粋に独自なものではない。すくなくとも近世の御杖以来の伝統を有す。一方で、橋川が「戦争イデオローグ」や「反知性主義」の名のもと、情緒的なものに回収し、等閑視した、小林の「自然」観が、言語の外在性にもとづく点で正反対のものであり、また戦後の大著『本居宣長』からしても、戦前戦後を「反省」なしに生き抜いた彼のなかに一貫して存在する、《直毘霊》を読み取ることは不可能ではない。

海や空に日本人の自然概念の中心をみた小林と、同殿共床に自然概念の中心をみた保田。大東亜戦争の敗北という、日本史上稀有の極端な出来事のためにかき消されてしまった、ふたりの《自然》概念の差異をもう一度明るみに出すために、最後にふたたび近世に戻って、この小論を締めくくろう。

5　言霊と直毘霊

本居宣長は「道」を超越する概念を提示していた。

そもそも道は、もと学問をして知ることにはあらず、生れながらの真心（マゴヽロ）なるぞ、道には有ける、真心とは、よくもあしくも、うまれつきたるまゝの心をいふ、然るに後の世の人は、おしなべてかの漢

意にのみうつりて、真心をばうしなひはてたれば、今は学問せざれば、道をえしらざるにこそあれ、

（『玉勝間』）

「生れながらの真心」がそれである。したがって、道は問題的な概念ではなくなる。

其(ソ)はたゞ物にゆく道こそ有リけれ。美知(ミチ)とは、古事記に味御路(ウマシミチ)と書る如く、山路野路(ヤマヂヌヂ)などの路(チ)に、御(ミ)てふ言を添(ソヘ)たるにて、たゞ物にゆく路ぞ。これをおきては、上ツ代に、道といふものはなかりしぞかし。物のことわりあるべきすべ、萬(ヨロヅ)の教(ヲシ)へごとをしも、何(ナニ)の道くれの道といふことは、異國(アダシクニ)のさだなり。

（『直毘霊』）

「真心」があればよく、よって「教へごと」、つまり「道」は必要なくなる。道は「ゆく道」にすぎない。この点では、伊藤仁斎の「路」のようでもある。

宣長のいう「心」とはどのようなものだろうか。

余が本書〈『直毘霊』〉に、目に見えたるまゝにてといへるは、月日火水などは、目に見ゆる物なる故に、その一端につきていへる也、此外も、目には見えね共、声ある物は耳に聞え、香ある物は鼻に

嗅(カガ)れ、又目にも耳にも鼻にも触(フレ)ざれ共、風などは身にふれてこれをしる、其外何にてもみな、触(フル)ところ有て知る事也、又心などと云物は、他へは触(フレ)ざれども、思念(オモフ)といふ事有てこれをしる、諸の神も同じことにて、神代の神は、今こそ目に見え給はね、その代には目に見えたる物也、其中に天照大御神などは、今も諸人の目に見え給ふ……、

(『くず花』)

宣長において、「心」もまた、「思念(オモフ)」行為によって触れるものであるという点で、外界の自然と変わるものではない。ここで「触れる」という語に注目して、呉秀三の次の一節、「感触ハ天然ノ発表ト自然ノ言語トヲ有スルモノニシテ……」を想起しておいてもいいだろう。だから「生まれながらの心」とて、アプリオリなもの、先験的なものではない。むしろ、「花」が色を愛で、香りを嗅ぐ行為と一体であるように、あるいは「鳥」が視界を風のように横切る色彩にして耳を誘う声色を意味するように、「心」は思念(オモフ)という経験と一体のものである。「生まれながらの真心」とは、だから悟性をまじえぬ、われわれの純粋経験に与えられた思わず漏れた言葉、もしこういういいかたが許されるなら沈黙の言葉である。

ここまでの考察からいって、この「生まれながらの真心」にこそ、近代日本における自然概念の濫觴(らんしょう)をみなければならないだろう。福沢諭吉や呉のように西欧の自然科学に期待した者たち、幸徳秋水のような西欧の社会主義に期待した者たち、そして自然主義文学者たち。一見して国学にかかわりのない者たちにも、精神をも自然のうちに捉えようとする努力において、不思議にこの自然概念の色は濃い。近世的道理に近代的自然が取ってかわるために、日本人は自然からは一番遠いはずの心を経由しなければならなかっ

た。

神代を語る古事記上巻を事実の書として丸ごと受け容れることを要求する、宣長の「直毘霊」の批判者は多い。なかでも、たんに保守的で良識的な儒学用語にもとづく批判に終わらない深みをみせたのが、先述の富士谷御杖だった。彼はこの批判の過程で新たな概念を彫琢してみせた。それが「言霊」である。

彼の「言霊」を理解するために、まず彼の「神」概念を参照しておこう。

> 神の御世の事どもは、人のたばかりもてはかるべからずと、宣長かへすかへすいへり、しかれども、もと神といふは何物ぞや、人といふは何物ぞや、人身のうちなるがやがて神なるをや、たゞ外にていへば人なり、内にていへば神なるばかりなるを、さもはるかにいはれしは、もとより神といふ物をば明らかにせられざりければなるべし、これは此翁にかぎらず、世々の神学者流もひとしき事なり、
>
> （『古事記燈大旨』）

そもそも神と人との区別とは、人身内外の区別にほかならない。ひとは内にあって神を宿し、外にあって人となる。この啓蒙的な区別は、近代人にも理解しやすい。古事記における上巻と中・下巻の区別とは、まさにこの区別に重なる。

> 此上巻はうたがひなく　神武帝の大御身のうちなる御神だちと、天下衆人の身中なる神との、やご

となき道をとき給ひしにて、此御神さびより此大御国をことむけやわしたまひし事、この　帝の御巻、おほくの魁首どもの帰したるかたちの、さばかり手いたきた丶かひともみえざるに明らかなる事なり、（同前）

古事記の上巻とは、神武天皇の内なる神と、民衆の内なる神と、その両者の説く「教（おしえ）」、道徳を書き留めたものである。それにしても、なにを教えようとしているのだろうか。また、その教えはいかなる形で言語化されているのだろうか。人身内外の区別、いいかえれば神と人との区別を橋渡すのが、言葉である。だから、彼は言葉について次のように語る。

おほよそ言といふ物は神をころすものにて……この故に、とても直言をもては、その中心に徹すべからざるがゆゑに、わが大御国、神気の妙用をむねとはするなり、（同前）

言葉、とりわけ「直言」は神を殺す。内部にあって真相に触れていた言葉は、外気に触れるや、その真相を失う。というのも、自身の思うところを直接表示する「直言」は、真相とは無関係に、言語上の真偽の診断にさらされるからである。たとえば「思ふ」という語について考えてみよう。この語は、内にあっておのれの精神の状態を示す、まごうかたなき真理である。だが、それが客観的に口にされたときには、真理未然であることの指標にすぎなくなる。

とはいえ、日本語には、言語未然の心中の神を活用する「神気の妙用」がある。それを「倒語」という。

直言を倒語にかふる也、倒語に諷と歌とあり、諷猶道絶たる時のために、わが大御国、詠歌の道はある事なり、此故に倒語は、いふといはざるとの間のものにて、所思をいへるかとみれば思はぬ事をいへり、その事のうへかと見ればさにあらざる、是倒語の肝要なり、されば大かた直言と諷と歌との三つを考ふるに、直と諷とは相反せる物也、歌は諷の一段とほきものなる也、此故に倒語はもと直を霊として言をつくるなれば、その言より、かれ、わが所思をおほひこみて知る、これをば言霊のたすけさきはふとはよまれたるにて、其言の外にいかし置きたる所の、わが所思をば言霊とはいふなり、（同前）

「倒語」には「諷」と「歌」とがあるが、ともかく真理をそれとして直接語らぬこと、それが「倒語」である。といっても、たんに沈黙を意味するのではない。別のところから引けば、それは「いはまほしき事をつゝしむ」（『万葉集燈』）ことだが、この慎みはあくまで「言のつけざま」・「詞づくり」である。つまり「倒語」とは、卓越した歌人による、言葉に神を宿すための迂回や屈折であり、ひとは神についてはひとまず沈黙し、言外にこれを語るべきなのである。この言外の努力が、ひるがえって言葉に品や襞をあたえ、言葉をますます多様にする。

したがって、こういわれる。

倒語する時は、神あり、これ言霊なり（『古事記燈大旨』）

反対に、「わが思ふ情をやがて言にいづる」ことを「言挙」という（『万葉集燈』）。「言挙」こそ「直言」であり、「言霊」の対極に存在するものである。御杖からみれば、宣長の直毘霊は直言、さもなければ言挙にすぎない。保田はこの「言挙」にヤマトタケルの悲劇を見いだしていたが、ここには奇妙な転倒がある。御杖と保田とが暗黙に示唆しているのは、表向き神の実在について語る古事記上巻は、そのことによってむしろ神の不在を示す書物である、ということになるからだ。「神あり」とは神無きの倒語である。外気に触れるや神性を失う言葉、だから神に触れるため、迂回につぐ迂回を経て「倒語」を重ねた先に見いだしたのが神の不在というなら、言葉は、現実とのすれちがいを運命づけられているような理想であって、そのことによって逆説的に現実を示す韜晦（とうかい）を本質とする。言葉は神同様、内にとどまる観念であり、御杖と保田とが見いだしていたのは、人身内外の決定的な亀裂である。「おほよそ言といふ物は神をころすもの」……。

宣長においては内部さえ外部だった。そもそも、われわれは自分の精神のすべてを理解しているだろうか？　宣長には、そう名指さなくとも、無意識の概念、すなわち「真心」がある。われわれは、外気に触れるように、心に触れる。ときには風に身がさらわれるように、心に身がさらわれる。だから、仮に古事記上巻が、神武期のひとびとの精神の内部に展開された道徳だったとしても、道徳にはその確立にいたる、無自覚の前史がある。というより、われわれは精神の内部に、外部としての歴史をもつのだ。その意味で、もし御杖のカテゴリーを当てはめることが許されるなら、歌は倒語ではない。歌もまた、精神という外部を名指す直言である。小林秀雄の「善とか悪とかいふ意味だけで出来てゐる様な言葉にしても、文学者は、長い人間の歴史の脂や汗に塗れているそういふ言葉の形をしかと感じてゐるのであつて、歴史の脂や汗を拭い去つて了つたら言葉はもはや言葉ではなくなる」の発言は、そのことを指摘している。

小林はいう。

僕らには歴史を模倣する事以外には何も出来る筈はない。刻々に変る歴史の流れを、虚心に受け納れて、その歴史のなかに己れの顔を見るといふのが正しいのである。日本の歴史が今こんな形になつて皆が大変心配してゐる。さういふ時、果して日本は正義の戦をしてゐるのかといふ様な考へを抱く者は歴史について何も知らぬ人であります。歴史を審判する歴史から離れた正義とは一体何んですか。空想の生んだ鬼であります。（「文学と自分」）

小林にとって、歴史は個々人の意図でどうにかなるものではない。人間の意図の外部にあるという意味で、精神の内部にありながらも、第二の自然といっていい外部性を保ったものだ。だから、大東亜戦争が歴史的であるのは、ひとが意識して実践する道徳、たとえば当時の言説空間を席巻した「聖戦」のイデオロギーのごときものの外部にあるからである。そして戦争は、勝敗はもちろん、善悪の彼岸にもあるという意味で、人間的営為の蓄積である歴史のうちで、もっとも自然の名にふさわしいものだ。戦争こそ、人間の自然なのである。だから小林には、もはやこう語るよりほか、すべがなかった。

> 国民は黙つて事変に処した。黙つて処したといふ事が事変の特色である、と僕は嘗て書いた事がある。今でもさう思つてゐる。事に当つて適確有効に処してゐるこの国民の智慧は、未だ新しい思想表現をとるに至つてゐないのである。何故かといふと、さういふ智慧は、事変の新しさ、困難さに全身を以て即してゐて、思ひ附きの表現など取る暇がないからだ。この智慧を現代の諸風景のうちに嗅ぎ分ける仕事が、批評家としての僕には快い。あとは皆んな詰らぬ。
>
> （「疑惑Ⅱ」）

「国民は黙つて事変に処した」。小林の果敢な直言が示す、もっとも重要な点は、彼の信じる自然概念のうちに、この戦争を受け容れていることである。戦争は、けっして一部の権力者の玩弄物ではない。それどころか、人間のものでさえない。戦争は、人間の意図を超えた自然に属す。だから、国民は歴史の一部としての戦争を自然として受け容れる以外の態度を持ちようがなかった。しかし、にもかかわらず、自ら、主体的に、つまり自然に、「黙って事変に処した」。やはり戦争は人間のものである。大逆事件の際にすでにその片鱗を見せていた日本人の自然概念は、大東亜戦争においてその極限に達したのである。日本国民に戦争責任があるか否かは、ただ革命の語を語ったにすぎない幸徳秋水に責任があるか否かの問いと、同じものを形成する。

あるいは、保田ならこういうだろうか、「戦争」とは、神の不在を隠然と語る道徳である……。彼がこの戦争に見いだした自然、すなわち同殿共床の理想は、けっして実現しない。むしろ戦争とは、隠然と語られた、理想の実現不可能性の謂いである。

戦争を道徳＝歴史のうちに反語によって語る保田、自然＝歴史のうちに直言する小林、両者の差異は好対照を描く。小林も主催者のひとりに名を連ねた、いわゆる「近代の超克」会議において、当初は参加予定だった保田が欠席したため、現実にはふたりはすれちがっているが、理論的には両者はすれちがうどころか、自然概念をめぐる同じ線分の両極を占めているのがわかる。

言葉を自然に対する限界のうちに捉え、言葉は自然を殺すとみた保田、言葉を自然と同じもの、すくなくとも自然に根ざすものとみ、その言葉＝自然を捉える覚悟に文学者の意義をみた小林。ふたりはともに同じ純文学者として、同じ戦中に自然をことのほか重視し、それに対してまったく異なるアプローチを試みていた。彼らはそれぞれ言霊あるいは直毘霊を武器として、いずれも自然観における両極を形成したのである。そしてその決定的な差異にもかかわらず、戦争を受け容れるほかなかったという点で、両者はけっきょくのところ共通する。彼らに戦争を押しとどめるほどの力はなかった。

だが、それは当然だと、もっと正確にいえば、それこそ戦争に対するもっとも自然な態度だと、彼らはいうだろう。誰にもそんな力はなかった。ただどうにもならない歴史の怒涛を、彼らは戦争に感じていた。彼らは歴史のただなかで泡を吹いていたにすぎない。

彼らからなにを学ぶべきだろうか。もしどちらかを選ぶとすれば、究極的には、いずれに賭けねばならないかは、あきらかに思われる。だがわたしはふたりともに敬意を覚える。いずれを選ぶかというよりも、彼らにならって、自然の概念について、もっと深刻な問いをおのれに課すべきと思う。彼らにとって、自然は、われわれの存在の幅とはすこしも重ならない外的な対象ではなく、むしろ存在の幅に重なりながら、存在を根底から揺るがす怒涛(どとう)である。実際、両者をはじめとする純文学者ほどに、当時の日本人のうち、自己について考えぬくのと同じ強さで、《自然》の概念について考えぬいた者たちはおそらくいない。戦争を受け容れるほかなかった彼らの無力をいかに非難しようと、彼ら同様に、われわれもまた、敗戦の歴史を第二の自然として丸ごと受け容れるところからしか、なにも始まらないのだ。どのようなイデオロギーによるにもせよ、安易な否定によって、あるいは砂浜から波をみるがごとき傍観者の態度によって、この歴史が乗り越えられることはない。

さて、紙幅は尽きた。いずれにせよ、自己の精神の内奥を吐露するところにはじまった近代日本文学の自然概念は戦争を指し示し、そして実際に戦争に収斂(しゅうれん)した。おそらく、戦前のひとびとにとって自然とは、戦争を意味した。それを結論として、本稿を閉じたいと思う。

第７章

溶融する自然と社会――インドの大気汚染を事例に

浅田　晴久

１　地理学と環境問題

自然と社会の関係性を探究する。これは地理学の大きな主題の一つである。地域に固有の自然環境は、いつどのようなプロセスを経て成立したのか。その自然環境を基盤として、いかなる人間社会が地域内に発展してきたのか。これらは近代地理学が19世紀に始まって以来、地理学者が世界を捉える際の基本的な枠組みとなってきた。そのために、自然の成り立ちを明らかにする自然地理学、人間社会の空間特性を分析する人文地理学という二つの学問分野が地理学の中に存在することになった。ここでは、自然と社会は独立した存在であり、分析対象として別個に扱うことができるという原則が貫かれている。自然と社会は互いに異なるメカニズムで成り立っているという二元論を前提として、自然地理学の研究者と人文地理学の研究者はいずれかの視点に依拠しつつ地域の事象を探究し、それぞれの成果を統合して地域の諸問題を解決することが地理学の役割とされてきた。対象とする事象の空間範囲がある程度限定されている場合においては、この手法は一定の成果を上げてきた。

しかし20世紀後半になり、従来の学問の枠組みでは扱いきれない問題が浮上した。グローバルな広がりを見せている環境問題である。地球温暖化や生物多様性減少の問題は、単に地球の平均気温が上昇したり、動植物の種数が減少したりすることではない。自然と社会の関係がかつてないほどに深化するとともに、そのひずみが世界のいたるところで目に見える形で現れているのである。これは本来、自然と社会の双方を視野に入れて地域を分析する地理学が扱うべき課題であるはずだが、20世紀後半の環境問題の現場において、地理学者の存在感は必ずしも高いものではなかった（小泉２０１４）。現実の自然と社会の関係は、従来の学問分野で想定されていた内容よりもはるかに複雑で、そして規模の大きいものであった（**図１**）。地球環境と人類社会が互いに急速に変化する中で、諸問題の解決に実質的な役割を果たすには、地理学をはじめ、従来の学問で想定されていた自然と社会の関係性を21世紀の現代世界に即したものに更新していく必要がある。

本稿では、現代世界における自然と社会の関係性を考察するために、具体的な事象とし

図１　地理学が想定してきた・想定すべき自然と社会の関係図

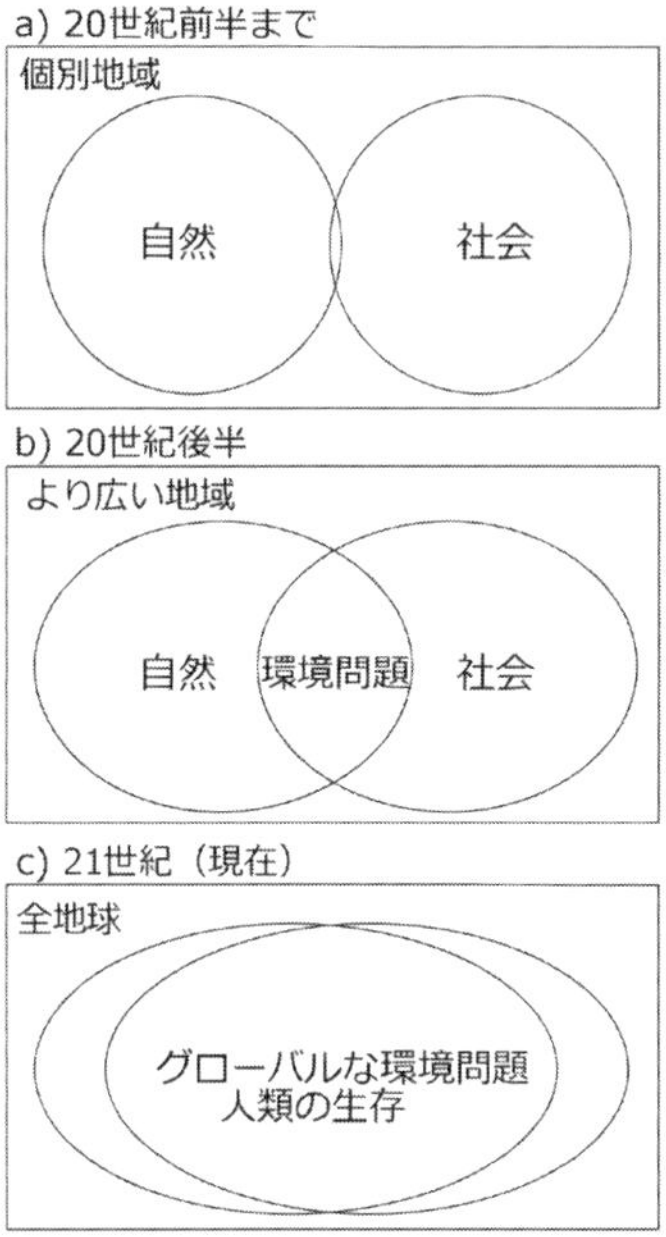

a) 20世紀前半まで
個別地域
自然
社会

b) 20世紀後半
より広い地域
自然
環境問題
社会

c) 21世紀（現在）
全地球
グローバルな環境問題
人類の生存

てインドの大気汚染の問題を取り上げる。著者は２０１７年4月より総合地球環境学研究所（地球研）のプロジェクトに参加しつつ、この問題の背景と構造を探ってきた。プロジェクトは2年間の試行期間を経て、２０１９年より本研究のための準備期間に入ったばかりであるため、最終的な解決策を本稿で提示しているわけではないが、現時点で明らかになった事実を踏まえ、新たな自然と人間の関係性を探る手がかりについて考察してみたい。

2　インドの大気汚染とその原因

インドは、１９９１年の経済自由化以降、急速な経済発展を遂げており、中国に次ぐ新興経済大国として世界の注目を集めている。特に大都市の発展はめざましく、停滞のインドといった従来のイメージを払拭しつつある（岡橋２０１４）。２０１０年代に入っても、ＧＤＰの成長率は前年比5～８％増と高い水準を維持しており、豊富な労働力と安価な人件費もあいまって、今後も経済成長が継続するものと思われる。

現在、インドにおいて、最も懸念されている環境問題が都市部の大気汚染である。２０１６年に公表されたＷＨＯの大気汚染データによれば、世界で大気汚染がひどい都市ワースト20位のうち、半数をインドの諸都市が占めている（中谷２０１８）。インドの都市のなかで特に大気汚染がひどいのが首都デリーである。大気汚染の指標となるＰＭ２・５濃度をみると、デリーの年平均値は１５３マイクログラム（／立方メートル、以下同）で、ＷＨＯが定めた基準値の10マイクログラムを大きく上回っている。この数値はあくまでも年平均値であり、乾季の最もひどい時期になるとPM2・5濃度は1000マイクログラムを上回る。インドはモンスーン気候下にあるため、6~9月の雨季、10~3月の乾季、4~5月の酷暑季に季節が分かれており、雨季には断続的に降雨がみられるため大気中の微粒子が洗い流されるが、乾季に入るとほとんど降雨が期待できない分、大気汚染が深刻になる。日本の環境省の指針では、PM2・5濃度の日平均値が70マイクログラムを超える場合は、「不要不急の外出や野外での長時間の激しい運動をできるだけ減らす」とされており（環境省2019）、実際に日本では都市部でも20マイクログラムを上回ることはほとんどない。乾季のデリーでは、環境省の基準では外出を控えるべき異常なレベルの大気汚染が連日続いているのである。

収穫後の稲株に火を入れる労働者

　途上国が先進国に移行する段階で急激に工業化を進めた結果、副作用として大気汚染や水質汚染が生じるのは広くみられる傾向であり、かつての日本も経験した20世紀型の環境問題とみなすことができるかもしれない。実際、デリーの大気汚染の起源としては、発電所における石炭の燃焼、自動車のガソリンの燃焼が高い比率を占めている。活発な経済活動に起因するだけでなく、海風が到達しない内陸に位置しているデリーの立地条件や、乾季に入ると地表気温が低下して大気が安定層を形成するため対流が起こりにくいという気象条件も関係している。

しかし、大気汚染の問題が２０１０年代のデリーで顕在化するようになったのは、それ以外にも重要な要因がある。それが、農業残渣物の焼却という、これまで知られていなかった要因である。農業残渣物の焼却とは、稲の収穫後も圃場に残される稲わらと稲株を焼却処分することである。日本でもたびたびニュースになる、いわゆる「野焼き」である。圃場から放出された黒色炭素が大気中で化学変化を起こしてＰＭ２・５を生成し、人体に入り込んで呼吸器に健康被害を及ぼす。人間の生存のために行われる生産活動が、大気汚染という予期せぬ形で徐々に人間の生存を脅かしている、というこれまでになかった形態の自然と社会の関係が、21世紀型の環境問題を引き起こしているのである。

図２　本稿で登場するインド各州の位置

21世紀に入るまでデリーでは野焼きによる大気汚染は深刻化していなかった。インドで伝統的に稲が栽培されている地域は、主として東部と南部である。これらの地域は雨季の降水量が多く、灌漑を用いずに天水のみで稲を栽培しているところもある。一方、降水量は西部にいくほど少なくなり、北インドの中央よりやや西に位置しているデリー周辺では、年降水量１０００ミリ以下と稲作を行うには雨量が不十分である。しかし現在は、デリー近郊の農村地帯が、インド国内で最大の稲作地域となっている（**図２**）。インド北西部の半乾

燥地域で稲作生産を可能にした技術こそ、20世紀後半に世界の農業を一変させた「緑の革命」と呼ばれる技術革新である。

１９６０年代から始まった「緑の革命」では、フィリピンのマニラ郊外にある国際稲研究所でコムギ、稲、トウモロコシなど主穀の高収量品種が開発され、化学肥料、管井戸による灌漑技術、農業機械とともにパッケージとなって途上国の農村に普及し、穀物生産量を急激に増やすことに成功した。インドでも食糧不足の問題を解決し、１９７８年には食糧自給を達成するなど、その効果は絶大であった。インド国内で最初に「緑の革命」が始まり、新技術が最も普及したのがデリーの北西に位置するパンジャーブ州とハリヤーナー州である。

灌漑用の管井戸

インダス川の上流域にあたるパンジャーブ州には、イギリス植民地時代の19世紀から、農業生産を安定化させる目的で水路灌漑が網の目状に引かれていた（杉本・宇佐美２０１４）。この地域は雨季の降水量は少ないものの、ヒマラヤからの融雪水が得られるため、通年にわたって一定の流水が見込めるのである。この水路灌漑網は地下水位を恒常的に引き上げる効果もあり、後の「緑の革命」時に管井戸を設置して農家が地下水を汲み上げることを容易にした。また、ここは１９４７年のインド・パキスタン分離独立によって社会的混乱も経験した地域でもある。インド側に住んでいたムスリムとパキスタン側に住んでいたヒンドゥー教徒の双方が土地を交換し、社会構造と土地所有に大きな変化を与えたのである（応地１９７４）。特にパキスタン側からインド側へ移住した住民に配分された大規模な区画が、その後の大型機械の導入に有利に働いた。また、パンジャーブ地方で多数を占めるのは浄・不浄の観念に基づくヒエラルキーに縛られるヒンドゥー教徒ではなく、「進取の精神に富む」シーク教徒である。ヒンドゥー教徒の場合、高位カーストは農作業に従事できないなど宗教的戒律があるが、神の下の平等を強調するシーク教では農業労働に関するタブーが少ない（同）。

以上のような、地理・歴史・社会・文化的な諸条件が重なり、パンジャーブ州はインド有数の穀倉地帯に変貌した。面積はインド全体の１・５％に過ぎないが、パンジャーブ州で生産される小麦はインド全体の19％、米は11％を占めている（杉本・宇佐美２０１４）。地下水灌漑の普及により、１年中農業生産を行うことが可能になり、州の大部分の地域では雨季の稲作と乾季のコムギ作の二毛作が行われている。水の問題が解決された一方で、気温の障壁を技術的に解決することは困難である。北インドは3月から酷暑季に入り、雨季直前の5月に気温のピークを迎える。コムギは冷涼な気候を好むために、収穫時期が後ろにずれて高温にさらされると収量が低下してしまう。なるべく早くコムギを収穫するために、11月のコムギの播種時期を厳守しないといけない。そのためには、稲の刈り取り作業をすばやく終えて、コムギの種を播けるように圃場をまっさらな状態にする必要がある。農家にとって最も安価で労力もかからない方法は、収穫後に残された稲わらと稲株を焼却してしまうことである。農家は二毛作経営を維持するための合理的な判断をしているに過ぎないが、これが３００キロも離れたデリーの大気汚染の一因となっている。

3 「緑の革命」の終焉

１９６０年代に「緑の革命」が始まってからちょうど半世紀が経過した２０１０年代に農業残渣物由来の大気汚染の問題が顕在化したという事実は、「緑の革命」という欧米主導の開発プロジェクトが、食糧を増産して飢餓人口を減らすというその歴史的役目を終えつつあることを象徴するものである。この50年間で加速的に進歩した科学技術の影響力が、自然の許容量の限界を突破し、環境問題という形でそのひずみが表出している。

「緑の革命」とは、本来、穀物生産に向いていなかった乾燥地帯に、先進国企業で製造された化学肥料と農薬、そして地下水汲み上げ用のポンプを投入することで、技術的に自然環境を改変することにほかならない。その結果、それまでは雑穀や豆類しか栽培できなかったパンジャーブ州でも、1年中豊富な農業用水が利用できるようになり、稲とコムギの二毛作という集約度の高い作付体系が実現されたのである。しかし、自然に大きな負担をかけて達成された「緑の革命」においては、当初からその副作用がさまざまな形で地域の生態系に現れていた。

まず、化学肥料の使用による、土壌の劣化である。「緑の革命」で導入された高収量品種は、化学肥料に反応しない在来品種とは異なり、化学肥料の投入量に比例して単位面積当たりの収量が増加するという特質を有している。逆にいうと、化学肥料を投入しない限り収量が上がらないので、生産農家は毎年多量の化学肥料を投入せざるをえない。化学肥料には窒素・カリウム・リンなどの主要養分が含まれているため、これらの要素は土壌中に補給されるが、亜鉛・鉄・マンガン・銅など、作物の生長に必要なその他の微量元素が不足してしまう（真実２００１）。化学肥料が登場する前は、耕地に牛糞を施すことによって微量元素が補給されていたが、地域の生態系の循環が断たれてしまったのである。

さらに、地下水の過剰利用も問題とされる。高収量品種は化学肥料を施すだけでなく、適切なタイミングで灌漑を行う必要もある。在来品種に比べて水の要求量も多い。これを可能にしたのが管井戸による地下水の汲み上げである。大規模な土木工事を要する従来の用水灌漑とは異なり、管井戸は個人単位で耕地に設置できることが特長である。農家が無秩序に管井戸を設置したことにより、地下水位に影響が現れ始めた。場所によっては地下水位が著しく低下してしまい、将来的には地下深くに残されている化石水さえ枯渇するのではと危惧されている。事態を重く受け止めたパンジャーブ州政府は２００９年に、６月10日以前に田植を行うことを禁止することにした（Vatta 2016）。６月半ばの雨季入り以降に田植を開始することで地下水の使用量を少しでも緩和するためである。その後、地下水位の低下は漸減したものの、今度は稲の収穫時期が遅れることになった。コムギの播種時期までの間隔が短くなったことで、野焼きを行う農家の数を劇的に増やすことにつながったのである。

すでに数十年前から、「緑の革命」による、土壌、水への悪影響は報告されていた。現在の大気汚染の問題は、「緑の革命」の影響が、住民さえ気づかない間に、さらに大気にまで及んでいることを示唆するものであり、もはや自然界の中で人間活動の影響が及ばない場所など存在しないという事実を我々に突きつけている。

「緑の革命」が悪影響を及ぼしているのは自然環境だけではない。現場の農家もまた、苦しんでいる。環境への負荷が限界に達した結果、1990年代以降は、米、コムギともに収量が徐々に低下している。もはや化学肥料を多量に投入しても高い収量を維持できなくなってきたのである。単位面積当たりの収量が低下するということは、農家にとっては収入の減少を意味する。在来農法とちがい、「緑の革命」以降の近代農法では、化学肥料、農薬のほか、灌漑用ポンプの燃料代や農業機械の購入・レンタル代など、多額の費用を必要とする。しかし農家個人ではとても費用を負担しきれず、正規ないしは非正規のルートから運用資金を前借しないといけない。もし当初の見込みより収入が少なくなると赤字に陥り、借金の返済が不可能になる。負債を抱えた農家は、土地を手放さざるをえず、パンジャーブ州では2日で3人の割合で自殺者が出ているという報告もある（Kaur and Kaur 2016）。

自然環境のみならず生産農家にも大きな負担をかけてまで、「緑の革命」を継続しないといけないのはなぜであろうか。それは、この農業システムがもはやパンジャーブ州の農家だけの問題でなく、インド国内のよその地域とも密接にリンクしているからである。

4　連鎖する環境と社会

筆者がこれまで調査を続けてきたのは、インド東部に位置するアッサム州の農村である。ここは同じインドでも北西部に位置するパンジャーブ州とは、自然環境や社会の性格など、あらゆる事象が異なっている。アッサム州はインドの中でも湿潤地帯にあり、年降水量は約３０００ミリとパンジャーブ州の3倍以上の雨量をほこる。また、ブラマプトラ川という水量の豊富な大河川が流れており、定期的に氾濫を起こして周辺の土地に肥沃な土壌を供給する。農業にとってはこれ以上ない好条件が整っている地域である。稲作を行うにも灌漑や化学肥料を必要としないため、「緑の革命」の普及度は相対的に低く、在来農法が数多く残されている（浅田２０１１）。

水田の跡に植えられた樹木

たとえ収量は高くなくとも、自給のための米を生産し、余剰分を売却する。そのような農業を何世代にもわたって続けてきたアッサム州の村で今、異変が起きている。稲作をやめる農家が増えてきているのである。筆者の調査により、２０００年以降、稲作を継続する意欲が低下した結果、水田の一部に市場価値の高いチークなどの樹木を植えたり、食用の淡水魚を養殖する池に転換したりする農家が出現していることが分かってきた。農家の生産意欲が低下している理由としては、収量の低さ、不安定な天候、農外収入機会の増加、などさまざまあるが、最大の理由は政府による配給米の制度である。

インドでは連邦政府による貧困世帯の支援策として、公的分配システムという制度が１９６５年に導入されている（近藤２０１７）。貧困線以下の世帯を対象に、住宅建設・トイレ建設等に補助金が出るほか、米・ダル豆・アタ粉・灯油などの生活必需品が格安で毎月支給される。この米の大部分がパンジャーブ州で生産されたものである。そもそもパンジャーブ州では米を食べる文化がなかったため、商品作物として生産された米は、その全量が連邦政府によって買い上げの対象となり、政府の倉庫にいったん備蓄された後に、国内各地に向けて出荷されている。アッサム州では通常、市場で米を購入すると1キログラムあたり約25ルピー（約40円）するが、配給米は希望すれば1キロあたり5ルピー（約8円）という安値で家族分購入することができる。2000年には、特に貧しい世帯は1キロあたり3ルピー（約5円）で購入できるという制度に改められた。村で農業を営む世帯は収入水準が低いため、そのほとんどが日常的に配給米を消費している。米の品種は地元産のものとはまったく異なるが、味は悪くないと言う。

アッサム州ではパンジャーブ州のように政府による米の買い上げ制度は発達しておらず、米を大量に生産してもすべてが販売できるわけではない。そこに、タダ同然で米が配られるとなると、農家の生産意欲が低下するのも当然である。汗水を流して田植や収穫作業をして米を作らなくとも、最低限食べていくための食糧は政府から支給されるのである。であれば、所有している水田の一部を樹林地や養殖池に転換して、余計な労力をかけずに現金収入を獲得する手段に出るのは農家にとって合理的な選択である。その選択は、農地が本来持っていた生態機能や村落景観を変容させることにもつながっている。パンジャーブ州の農業は、公的分配システムという目に見えない社会制度を介して、遠くはなれたアッサム州の農村環境を変えつつある。

パンジャーブ州の農業が、他地域に影響を与える事例をもう一つ紹介する。パンジャーブ州では「緑の革命」以降、農業の集約化が進み、特に新たに導入された稲作で田植え、除草、灌漑、収穫の各作業に大量の労働力を投入する必要が生じた（杉本・宇佐美２０１４）。稲の収穫とコムギの播種作業が重なる10月末から11月にかけての約１か月の期間には、特に集中的に人手が必要となる。農業機械の導入で省力化された部分もあるが、稲とコムギの二毛作体系が確立されるにつれ、域内の労働力ではまかないきれないほど、作業量が増加した。そこで新たに生じた農作業を担うために、他州からの出稼ぎ労働者が増えたのである。

出稼ぎ労働者は北インドのビハール州やウッタル・プラデーシュ州など、インド国内でも最も貧しいとされる地域から来ている。これらの地域では頻発する旱魃（かんばつ）や、カースト制による強固な社会構造を背景に、長年、農業生産が低迷しているという問題を抱える（藤田・押川２０１４）。農業労働者たちは地元ではじゅうぶんな仕事にありつけないか、もし仕事が見つかったとしても賃金水準が低いため、より高賃金が見込めるパンジャーブ州の農家のもとへ、季節雇用ないしは年雇用という形で出稼ぎに来るのである。その数は２００６年度には農繁期と農閑期を合わせて１２６万人にも達し、今やパンジャーブ農業は出稼ぎ労働者によって担われているとも言われている（杉本・宇佐美２０１４）。野焼きの現場で、収穫後の田に火をつけて農業残渣物の処分にあたっているのも、他州から来た労働者たちである。パンジャーブ州の農業は、住み込みで働く出稼ぎ労働者たちと故郷に残された彼らの家族の生活をも支えている。

「緑の革命」以降のパンジャーブ州の近代農業が、地域の自然環境や農家経済に悪影響を与えていながらも、即座に止めることができない理由は、それが域内の経済活動というだけではなく、インド国内各地に安価な食糧を配分し、また各地から余剰労働力を吸収するという、連邦政府による国家経済戦略の中に組み込まれているせいである。大気汚染を軽減するために、現在の米・コムギ二毛作体系を改めるということは、単にパンジャーブ州の農家が収入源を失うだけでなく、全インドの規模で多方面に社会経済的な影響を及ぼすことになる。自然、社会、経済の連鎖がネットワーク状にさまざまな地域を結合している21世紀の世界システムこそ、大気汚染の解決を困難にしている最大の要因である（**図3**）。

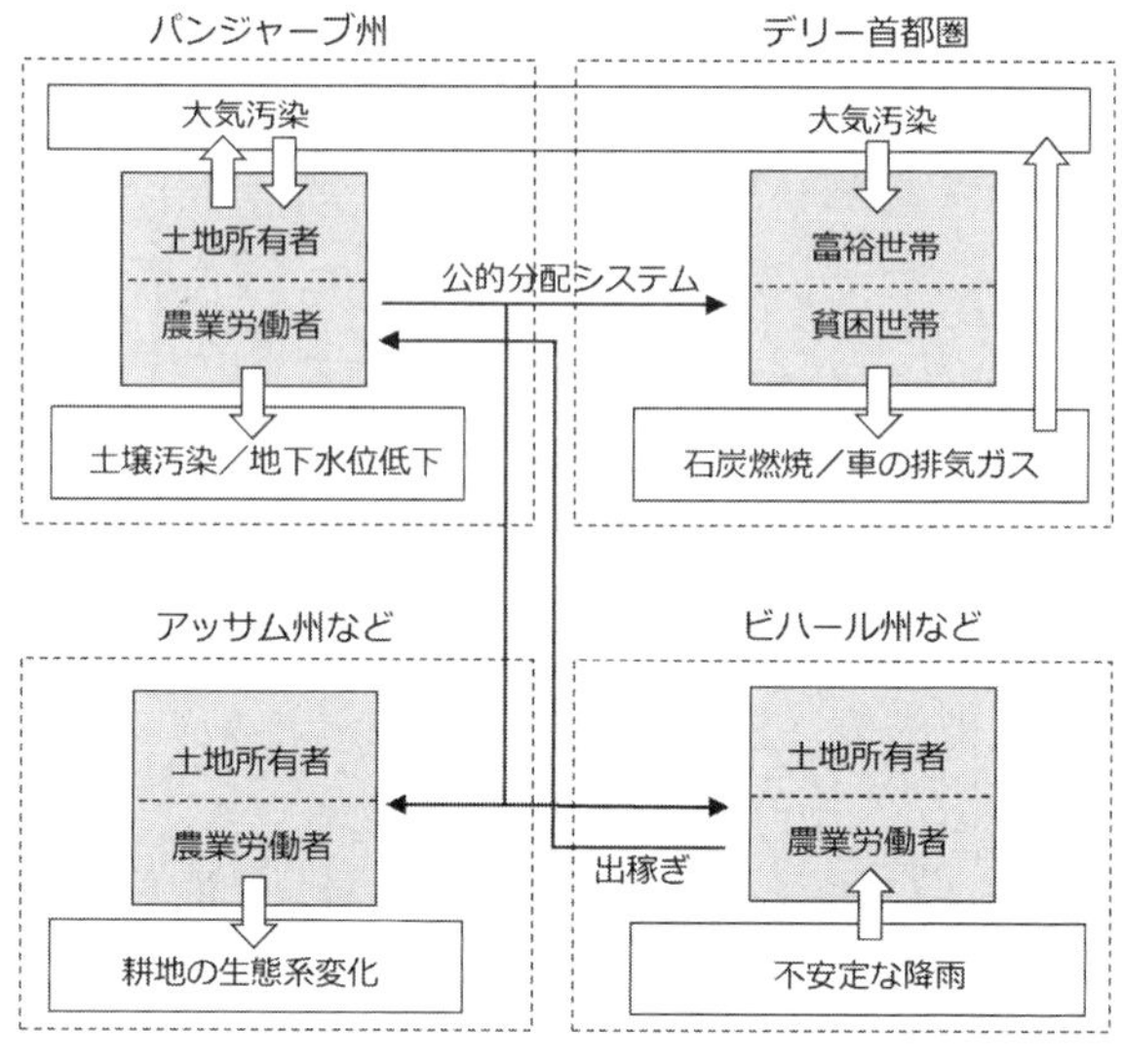

図３　大気汚染問題をめぐるインド国内の自然と社会の連鎖

5　自然と社会の新たな関係構築をめざして

パンジャーブ地方の野焼きをやめさせることでデリーの大気汚染の解決をめざす、地球研のプロジェクトはAakashプロジェクトと名づけられた。Aakashとはヒンディー語で「空」という意味である。デリーでは、乾季の10月から2月まで、青空が見える日がほとんどない。雲がないにもかかわらず、上空が白っぽく霞んだ状態が一日じゅう続くのである。北インドの青空を取り戻すという願いが込められたこのプロジェクトでは、どのような解決法が模索されているのだろうか。

一つ目に紹介するのは、技術的な解決方法である。大気汚染の問題が生じるようになったのは、「緑の革命」以降、人間が技術力をもって自然環境を大幅に改変した結果、生態系のバランスに変調をきたすようになったからである。その生態系のバランスを少しでも修復し、問題の原因を除去するために、別の技術力をもってあたる方法が模索されている。

たとえば、収穫後の稲わらを現場で燃やさず、簡易的なプラントで燻炭にして再利用する技術である。この技術が実用化されると、煙を出さずに農業残渣物を処分することができ、燻炭を販売することで農家の収入の足しにもなる。しかし、稲わらをよそに持ち去るということは、本来、土壌に還元されるはずの栄養分を取り除くことになり、コムギの生育に悪影響が出るおそれがある。技術力をもって問題の解決を試みることは、新たな問題を生む可能性を常に秘めており、持続性についても保証がない。また、インド連邦政府およびパンジャーブ州政府は、稲株を燃やすことなく、コムギの種を播くことができる新型の機械「ハッピーシーダー」を数年前から普及させようとしている。この機械は価格が高いことと、牽引するために馬力が高いトラクターを必要とすること、そして何より、農家が未知の技術に不安を感じているために、広く普及するには

トラクターに取り付けられたハッピーシーダー

至っていない。

他の選択肢としては、文化的な解決方法がある。大気汚染の問題は、人間活動の影響が自然環境のすみずみにまで及ぶようになり、人間社会と自然環境の境界があいまいになった結果、自然界に対して人間が起こした行動が、すぐさま人間社会の側に悪影響として跳ね返ってくるようになった現象とみなすこともできる。このような状況では、どれほど新しい技術的対策を考案しても、すべての環境問題を解決することは永遠に不可能である。むしろ、一旦立ち止まって、ここまで複雑化した人間社会と自然環境の関係性を冷静に見つめ直し、我々の日常の行動がいかに周囲の環境につながっているかを自覚する必要がある。その上で、少しずつ行動を変えていくことで、自然との関係性を改善していくのである。

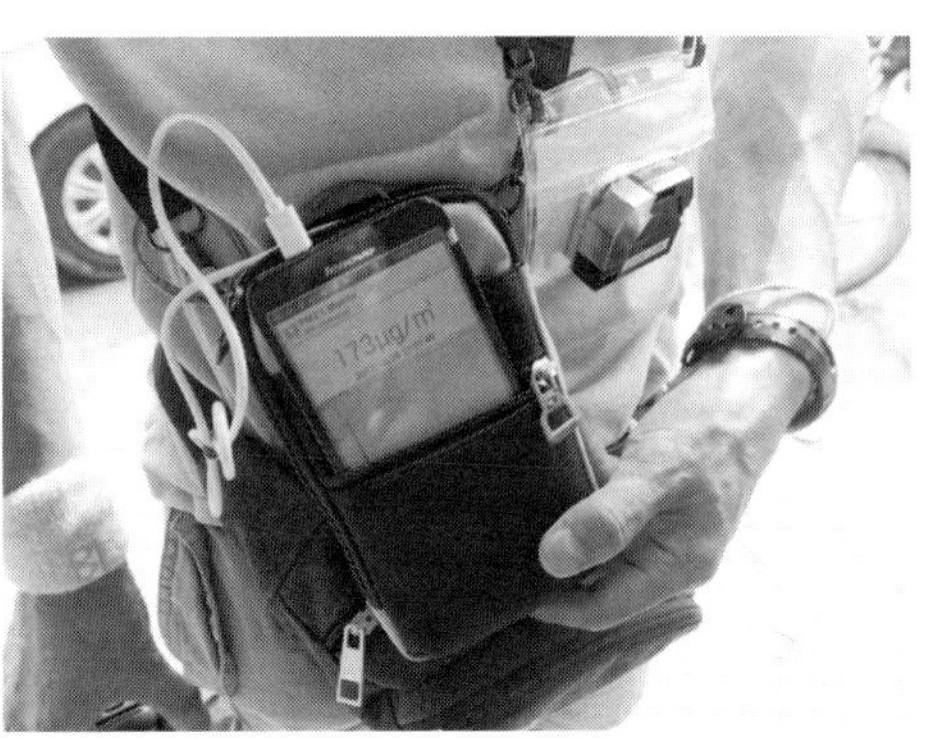

スマートフォンに接続されたPM2.5濃度の数値を可視化するセンサー

この発想は具体的には、地元住民への「教育」という形で計画されている。ＰＭ２・５の濃度を数値化して示す小型のセンサーを用いて、農家に対して彼らの農作業が環境にどの程度影響を与えているかを知ってもらうのである。さらに子供とその保護者に対しては、現在のＰＭ２・５濃度がどの程度の健康被害をもたらすのか、このまま曝露し続けると将来的な健康リスクがどれほどになるかを知ってもらう健康教室も企画されている。ただ単に日常の行為と自然環境との関係性を意識するだけでは、行動変容にはつながりづらいので、中間項に健康という変数を入れて、現在の農業様式を続けて得られる経済的利益と、それを改めて得られる将来的な健康利益を比較して考えるのである。住民の生活様式を変えることになるため、この方法でもすぐに問題解決に至ることは難しいだろう。将来の不確実な利益のために、日の前の確実な利益を諦めさせることを、限界の経済状況に追い込まれている農家には強制できない。

技術的な手法と文化的な手法のどちらが効果的であるのかは、実際に現地調査を進めてみないことには判断が難しい。現時点では思いつかない解決手法が、今後見つかるかもしれない。いずれの手法を採用するにせよ、大気汚染と野焼きの問題が、自然環境と人間社会の複雑なネットワークの中で生じていることをじゅうぶんに意識することが肝要である。ネットワーク状に絡みあった無数の要素のうち、一つでも無理にいじると、見えない糸をつたって遠くはなれた地域や予期せぬ方面で影響が現れる可能性がある。現代の環境問題を解決しようとすることは、変数が何十個もあるような難解な連立方程式を一つ一つ解きほぐして、徐々に変数の数を減らしていき、最適解に近づいていくような、骨の折れる作業である。

6　地球環境問題の時代

本章の冒頭の話にもどろう。地理学はこの大気汚染の問題について、どのような方面から貢献できるだろうか。工学や農学のように、技術的な解決法を提案することはできない。公衆衛生学のように、住民に行動変容をもたらすことも難しい。地理学的な手法としてはやはり、対象地域における自然環境と人間社会の関係を一つでも多く明らかにすることで、問題の解決に寄与するしかない。それは変数の数をいたずらに増やして、方程式を今以上に複雑にするということではない。それとは逆に、これまで見過ごされてきた事象を現地調査によって丹念に掘り起こすことで、変数間の関連を分かりやすく整理し、方程式を解く手がかりを他分野の専門家に提供するのである。その手がかりは個別の地域の中に存在するはずである。自然と社会をつなぐ変数を地域の中に見出し、他地域とのつながりを明らかにすること、これが地球環境問題において地理学が果たすべき役割である。

地理学は、グローバルな問題をローカルな問題に変換するとともに、人文学と自然科学を結びつけることで、さまざまなスケールにおける学際的な問題に対応できる可能性を秘めている。地球環境問題の時代に地理学が存在感を発揮するには、自然か社会のいずれか一方しか扱おうとしない20世紀後半のスタイルでは不十分である。自然地理学でも人間の関与を想定し、人文地理学でも自然の影響を考慮するというように、21世紀の状況に合わせて学問の方法論も見直していく必要がある。自然と社会が一つになろうとしている今、自然地理学と人文地理学を統合して学問をアップデートしていく姿勢が求められている。

謝辞　本稿は、総合地球環境学研究所のプロジェクト「大気浄化、公衆衛生および持続可能な農業を目指す学際研究：北インドの藁焼きの事例」の成果の一部である。プロジェクトリーダーの林田佐智子先生（総合地球環境学研究所・奈良女子大学）はじめ、プロジェクトメンバーのみなさまにはさまざまな情報・意見・視点をいただいた。心より感謝いたします。

《参考文献》

浅田晴久「タイ系民族アホムの稲作体系―インド、アッサム州の村落における事例研究」（『人文地理』63巻、２０１１年、42―59頁）
応地利明「インド・パンジャーブ平原における農村の展開と「緑の革命」―アムリッツァー県ガッガルバナ村を事例として」（『史林』57巻、１９７４年、６５１―７０４頁）
岡橋秀典「日本の地理学におけるインド研究の展開―１９８０年代以降の成果を中心に―」（『広島大学現代インド研究―空間と社会』4巻、２０１４年、15―27頁）
環境省ＨＰ「微小粒子状物質（ＰＭ２・５）に関する情報」https://www.env.go.jp/air/osen/pm/info.html（２０１９年9月30日最終閲覧）
小泉武栄「自然地理学と人文地理学をつなぐ環境史研究の課題と展望」（『ネイチャー・アンド・ソサエティ研究 第1巻 自然と人間の環境史』、宮本真二・野中健一編、海青社、２０１４年）
近藤則夫「岐路に立つ公共配給制度」（『インドの公共サービス』、佐藤創・太田仁志編、アジア経済研究所、２０１７年）
杉本大三・宇佐美好文「パンジャーブ」（『激動のインド 第4巻 農業と農村』、柳澤悠・水島司編、日本経済評論社、２０１４年）
中谷哲弥「大気汚染と健康被害」（『インド文化事典』、インド文化事典編集委員会編、丸善出版、２０１８年）
藤田幸一・押川文子「ビハール―農業停滞による貧困化―」（『激動のインド 第4巻 農業と農村』、柳澤悠・水島司編、日本経済評論社、２０１４年）
真実一美『開発と環境 インド先住民族、もう一つの選択肢を求めて』（世界思想社、２００1年）
Kaur, Pavneet and Kaur, Manpreet「Indebtedness and Farmer Suicides in Punjab」（『Agricultural Situation in India』、２０１６年12月）
Vatta, Kamal「Sustainability of Groundwater Use in Punjab Agriculture: Issues and Options」（『南アジア研究』28巻、２０１６年、２１１―２１２頁）

第8章

「内なる自然」に再び向き合う

天ヶ瀬　正博

1　How dare you!

２０１８年北半球の夏、スウェーデンの議事堂前で、15歳の学生が温室効果ガスの排出量削減を訴えた。何日も日中の暑い中、座り込みをした。ＳＮＳや報道を通じて広く伝えられ、世界中の都市で若者たちが共感して座り込みを行った。学生は、多くの人々に影響を与える人物（インフルエンサー）となった。その後、いくつもの国際会議で訴えた。そのための移動はいずれも、温室効果のある二酸化炭素（CO_2）を大量に排出するジェット機ではなく、鉄道を乗り継いでヨーロッパの大地を行く旅だった。

２０１９年、その学生は、ヨットで２週間以上かけて、北米へと大西洋を横断した。それは、アーシュラ・ル＝グウィンの「ゲド戦記」第３巻『さいはての島へ』の主人公、レバンネンの航海のように過酷だったに違いない。世界の均衡が壊れ、魔術師たちは力を失った。魔術師たちを使って利権と領土を争っていた王たちには、なす術がなかった。王たちに代わって、北にある最古の国の王子レバンネンは、世界の調和を取り戻すために、「さいはて」に向け、小さな帆掛け舟を駆って、ゲドと2人きりで過酷な航海をする。そんな航海をして北米にたどり着いたその学生、グレタ・トゥーンベリさんは、国連本部で行われた気候変動サミット２０１９に登壇し、全世界の首脳や代表者たちを前に訴えた。

We are in the beginning of a mass extinction, and all you can talk about is money and fairy tales of eternal economic growth. How dare you!（私たちは大量絶滅のはじまりにいる。なのに、あなたたちが語ることと言えば、どれもこれも、終わることのない経済成長というお金の魔術の物語ばかり。あなたたちは、どれだけ欲張りなの！）

産業活動によって温室効果ガスが加速的に排出されてきた近現代は、通常、時間軸上に出来事を配して語られる。それに対して、歴史学者イマニュエル・ウォーラーステインは、近現代を空間的な広がりとして論じた。15世紀イタリア半島の諸都市で、地中海貿易で得た利益を元手にして、経済活動を次々と拡大するようになった。16世紀、スペインとポルトガルによる大航海。17～18世紀、オランダによるアジア貿易。そしてイギリスによる三角貿易。それらを経て、先行投資に基づく経済活動が世界に拡張された。近現代とは、世界規模の資本主義経済システムつまり世界システムである。

21世紀、中華人民共和国が著しい経済成長を遂げ、国内で共産主義体制をとりながら、国際的には自由貿易を求めるようになった。法や制度による制約を最小限にして、経済活動の自由を最大限にする新自由主義が、世界の潮流となっている。しかし、もう一つの超大国、アメリカ合衆国が自国第一主義をとって輸入規制に動いた。「自由貿易」によって他国を経済的に隷属させる国。「自由」に自国第一に振る舞う国。だが、それらはいずれにせよ、経済成長によって自国民の欲望を満たし続けるためであり、そうした国々は、日本も含めて、温室効果ガス排出を率先して削減しようとはしない。資本主義経済という世界システムは、歯止めなく自由に増殖する、がん細胞の集まりのようだ。

2 自由と魔術、そして、産業革命

世界システムが発生した15世紀のイタリア半島は、繁栄によって「イタリア・ルネサンス」と呼ばれる文化興隆を見ていた。画家サンドロ・ボティチェリの『プリマヴェーラ（春）』と『ウエヌスの誕生』はその代表的な文化遺産だろう。『プリマヴェーラ』の中央には、ローマ神話における愛と美の神ウエヌスが立ち、恋の弓矢を構えた使者クピードーを従えている。『ウエヌスの誕生』もウエヌスを中央にしている。どちらの絵も、西風の神ファウォニウスと春と花の神フロラが仕えており、二つの絵は対であることがうかがえる。古代ギリシアの哲学者プラトンは、愛と美の神に民間の神と天上の神の二面性があることを論じ、「肉欲的な愛と美」と「精神的な愛と美」を区別している。思想史研究の伊藤博明によれば、『プリマヴェーラ』は肉欲的な愛と美を、『ウエヌスの誕生』は精神的な愛と美をそれぞれ表しているとされる。

それに先立つ14世紀、ヨーロッパ各地の教会は王族たちと結びつき、フランス国王はローマ教皇を自国内に「捕囚」した。その状況に、文芸家フランチェスコ・ペトラルカは真摯な信仰心の回復を訴えた。当時のキリスト教神学の主流は、自然界の研究によって世界の創造主である神の摂理を解明し、神の存在証明と啓示を得ようとする学派であった。それに対してペトラルカは、信仰心にとって自然研究は無用であると断じた。そして、人間にとって大切なのは精神すなわち霊魂であるとして、人間の霊魂のより善いあり方を探求した古代キリスト教神学の再興を求めた。「人文学」（humanismus＝ラテン語）を表明し、自然研究を行う理性ではなく、信仰する意志を重んじた。そして、信仰における人間の霊魂のあり方、来し方行く末を、文芸によって詩的に語り説いた。

サンドロ・ボティチェリ
『プリマヴェーラ（春）』（上図）
『ウエヌスの誕生』（下図）
ウフィツィ美術館蔵

　ペトラルカと行動を共にした

「人文学者」たちはまた、古代ローマ文化にならって、自然界の森羅万象を、神々として詩的に擬人的に表現した。ローマ神話の神々は、天使と同様、世界の創造主である神の従者であり、神の摂理に従って森羅万象を司る霊的存在であるとして解釈し直された。それに対して、自然界である地上の人間は、肉体を有する霊的存在、すなわち、精神と物質の両方からなる存在であるとされていた。霊的世界つまり精神界と物的世界つまり自然界の間に位置する、中間存在とされていたのである。

人文学以前において既に、霊的世界と物的世界の区別が確立され、人間はそれらの中間存在とされていた。神が永遠不滅であるのに対して、物的世界である自然界は神によって創造され、その摂理によって事物が生成・流転・消滅する世界とされていた。教会は永遠不滅の神の仲介者として権威づけられ、それに対して地上の王権は一時的であるとされた。そして、王への納税は民衆が現世に生きるためであり、教会への納税は来世での永遠の安息のためだとされた。同時に、教会に王位の承認を受ける国王は、一時的に権力を有する一個人として、個別化されるようになった。また、歴史学者の阿部謹也によれば、11世紀には、故郷を捨て根無し草となった民衆が集まる都市の形成と、懺悔(ざんげ)などのキリスト教文化から、プライバシーと内面を有する「個人」が現れていた。

このように「個人」が現れた時代に、人文学は古代の神学にならって、人間の自由意志（自身だけで行動を自発させる意志）を称揚したのである。古代の神学者アウグスティヌスは、悪をなしうるからではなく、善をなしうるゆえに、神が人間に自由意志を与えたと説いた。また、無生物、非理性的生物、理性的生物という三種別において、唯一人間を理性的生物とした。そして、性欲を満たす幸福、食欲を満たす幸福、花をめでる幸福、音楽を聴く幸福などを認めたうえで、理性によってキリスト教に従って生きる幸福を最高善としている。自由意志は低い善にも高い善にも向かう中間的な善であり、最高の知恵に至ろうとする意志が「善き意志」とされた。古代のこのような神学思想を、ペトラルカら人文学者たちは時代に合わせて援用した。そして、内面を有する個人の意志による信仰を重視したのである。

15世紀半ば、現在のイスタンブール周辺に古代から存続していた「ローマ帝国」が滅亡した。学者を含む上層階級が難民となり、古代ギリシア以来引き継がれ発展した文物、思想、技術をイタリア半島にもたらした。それらの受容と展開のために、ボティチェリと同時代の思想家ジョバンニ・ピコ・デラ・ミランドラは、後代に「人間の尊厳についての演説」と称される草稿を書いた。人間は、神によって世界の中心に置かれ、自ら選ぶものを所有し、求める生き方をすることが許されている。人間はその自由意志によって、植物のようにも、野獣のようにも、賢者のようにも、神のようにもなれる。ピコは人間をこう論じ、演説を切り出している。そして、人間のより崇高な生き方を実現するために、数学と「魔術」（magia（マギア）＝ラテン語）の推進を訴えたのである。

ピコは、「魔術」を、自然哲学の完成を目指す、科学であり技術であると明言している。ボティチェリは、先に見た通り、霊的存在であるウエヌスを着衣によって物的存在として表現し、現世である地上と肉欲的な愛を肯定的に描いた。それは、天上から地上へとイエス・キリストを受肉によって降臨させた、神の業（わざ）にならっている。親しい関係にあったピコの唱える「魔術」に基づいて、霊的存在に肉体を与えて、物的世界である地上にウエヌスを出現させているのである。ボティチェリは、パトロンである大富豪メディチ家の子孫繁栄のために、天上の愛と美の神ウエヌスに衣服すなわち肉体をまとわせて、肉欲的な美と愛の神として地上へと召喚しているのだ。

16世紀、イタリア・ルネサンスがヨーロッパ各地に波及し、錬金術や精霊召喚などの「魔術」によって、各地の王族から庇護を得る「魔術師」たちも現れた。錬金術は、教会に税を納める必要のない富＝権力の獲得。精霊召喚は、教会の権威によらない王位の承認。王族たちはそう欲望したに違いない。だが、錬金術や精霊召喚は不可能であった。その代わり、魔術師たちは、例えば、古代の発明家のクテンシビオスやヘロンなどが作った水圧や蒸気圧で動く機械を再現し、「魔術」として王侯貴族に供覧するようになった。こうした魔術は、17世紀の「科学革命」による近代科学の成立ではなく、むしろ18世紀の「産業革命」の原動力である蒸気機関の開発へとつながっていったと考えられる。

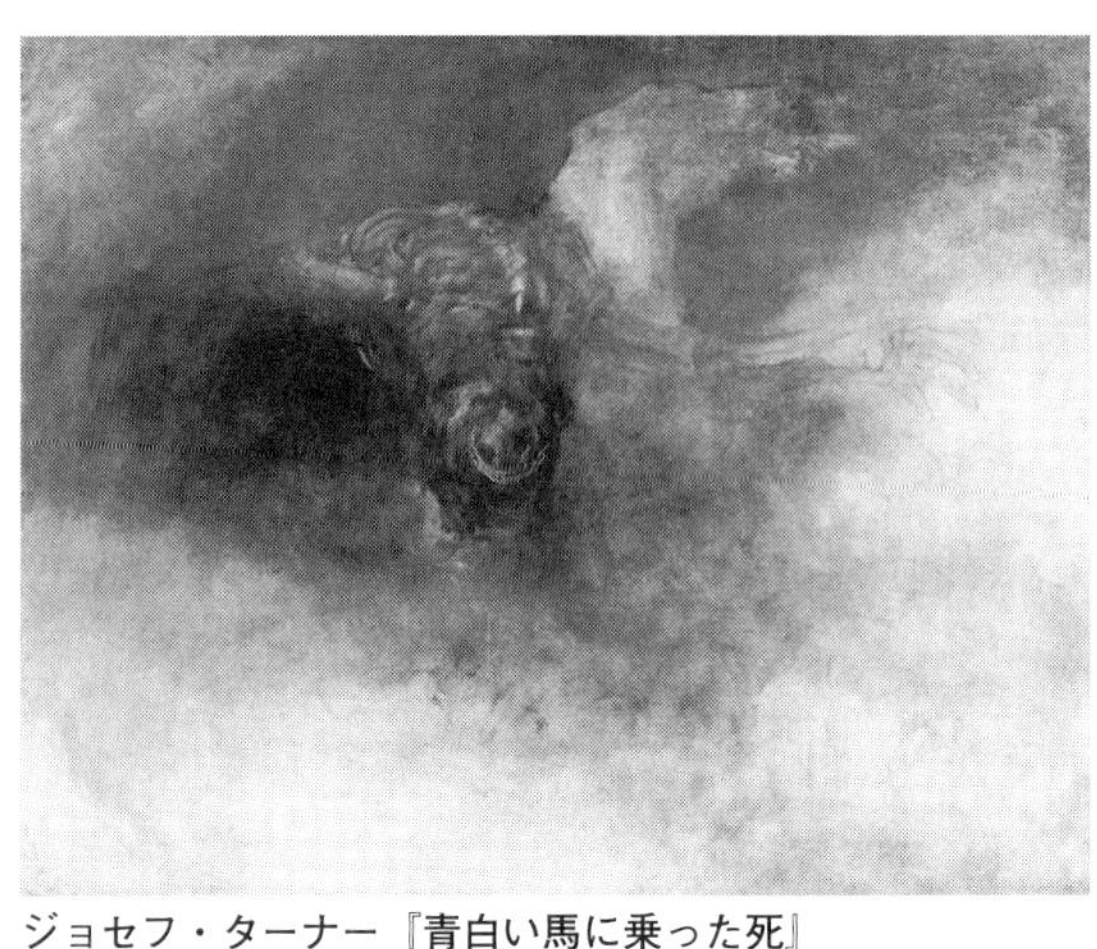

ジョセフ・ターナー『青白い馬に乗った死』
テート・ブリテン蔵

こうして開発された蒸気機関は、自然からエネルギーを取り出し、環境の秩序を変える。地中深くの石炭を地上へと掘り上げ燃焼し、釜の中の水を素早く蒸発させる。暴発する水蒸気の圧力を機械の動力にする。その過程でＣＯ２と硫黄酸化物の混じった煙と水蒸気が、大気中に排出される。18世紀半ば、大量に製品を造り、世界中に比較的短期間に大量に輸送する産業が、蒸気機関によって実現された。19世紀の画家ジョセフ・ターナーは、自然と文化の交わる風景や風物を数多く描き残した一方で、他方、煙と蒸気を排出する機関車や蒸気船も描いた。彼は何を予見したのだろう。ぼんやりとした霧の中で、馬上に横たわる骸骨が、運ばれ去りゆく絵を描いている。19世紀末、石油による内燃機関が発明され、以来さらに大量のＣＯ２と硫黄酸化物を排出し続けている。蒸気機関から、内燃機関、そして、核爆弾が現れた。

3　「人新世」と人文学へのフェミニズムによる批判

人類の様々な活動が地上を覆い、地表を変えるようになった。工場や自動車から排出される温室効果ガスが大気中に増加し、硫黄酸化物や窒素酸化物による酸性雨が降り、農薬やプラスチック片が、地表や海洋に広がり堆積する。生物の体内にも蓄積される。地球の地質年代として、現代を完新世後の「人新世」とすることが提言された。そして、地球規模での気候変動や環境破壊の原因と責任が人類活動にあるとして、国際的な対策が求められている。しかし、国家間の利害対立によって、実効性のある法や制度の国際的な合意は難しい。しかも、温暖化という「不都合な真実」を、アメリカ合衆国大統領が「フェイク」（虚偽）とまで言ってのける。

何を「真実」や「真理」とするかは、個人や文化や社会によって異なる。20世紀の言論者たちはしばしばそう主張してきた。20世紀後半、文化の多元性と文化間の価値相対性を掲げる言論活動が盛んになされた。それは、異文化の尊重、植民地の解放、人種差別の撤廃、女性差別の撤廃、障碍（しょうがい）のある人たちの社会参加、性志向と性自認におけるマイノリティ（少数者）の社会的承認、子どもの人権の確保、そして、インクルーシブ社会の実現へと向けられていていた。つまり、対等な徹底対話を求めてのことである。しかし、同時期、「進歩」を人類共通の普遍的価値とする「大きな物語」と、普遍的真理を語る「知識人」が終焉を迎えたと、フランスの哲学者ジャン＝フランソワ・リオタールは語っている。第二次世界大戦における、核兵器と優生学による大量虐殺への反省が、それらを導いたと言える。そして、価値相対主義によって、人類はいかなる「大きな物語」も持ち得なくなったのである。

いまや真実や真理は信じる人々にだけ重視され、不都合である人々には無視されるようになった。価値相対主義が欲望による利害対立に用いられ、対話ではなく分断を導いてしまった。「ポスト真理」（真理以後）と言われる状況である。18世紀末、ドイツ連邦の哲学者イマヌエル・カントは、科学的認識に限界を設定し、他方で、宗教に意義や価値を設定して、宗教と科学の対立を調停した。「神」や「世界」は人間の有限な経験による科学的認識が及ばぬこととし、他方で、それらは様々な事物の認識を統合する条件として、想定されると論じたのである。それから二百年を経て、ポスト真理に至った。

この事態に対して、21世紀に現れた「新実在論」の哲学者たちから、活発な発言がなされている。その一人、マルクス・ガブリエルは、どのようなコトやモノも、空想であっても、それに向けて何らかの態度をとりうる以上、それらは実在すると論じた。したがって、長期的な展望での地球規模の危険性もまた、実在していることになる。ガブリエルは、このような実在論に立って、投票による多数決ではなく、徹底的な熟議によって社会的な決定を行う熟議民主主義を求めている。実際、「人新世」を実在として、自然科学だけでなく、人文学を含む学術全体において、気象変動と大量絶滅の危機への対応が共通の課題とされるようになった。20世紀後半「知識人の終焉」が言われ、他方で、21世紀は自然科学者の人数によって、国の産業技術開発そして経済発展が決まる「知識基盤社会」とされた。求められる「知識」が変容し、人文学はもはや役立たず、無用とされるようになっていた。しかし、廃棄される危機にあった人文学は、「人新世」を名目に、気候変動や環境破壊の根本的な解決を、自らの課題として立て直しを図っている。

ただし、単一の価値観による、学術の大同団結的状況あるいは地球規模の危機回避という「大きな物語」の復活に対して、存在の多様性と多元的価値を訴えてきたフェミニズムから批判がなされている。科学思想家ダナ・ハラウェイは、人間中心に考えられている「人新世」概念を批判して、「地表の全存在による混成的」（sym-cthonically＝英造語）世界「クトゥルー新世」を掲げる。そして、生命と非生命の区別なく、海洋と土壌を含めて地表の全ての存在に類縁関係を拡張し、関係を組成し直すことを訴えた。また、「人新世」概念では、「未来の子どもたちのために行動すること」がしばしば言われ、少子化の進む先進国では、異性愛による婚姻と出産が推進される。ハラウェイはこの状況も批判して、増えすぎた人類に対して、「子づくりではなく、親類づくりを！」と訴えている。

ハラウェイは、１９８０年代以来、生物学と生命科学を中心にフェミニズムによる批判を展開していた。生物学では、類人猿研究から人間の自然状態を類推し、人間の本性、さらには男性優位と性役割の本来性を語ることがまかり通っていた。それに対して、自然と文化を分離して、自然を「本来」とする欺瞞性を批判したのである。そして、私たちはみな、自然と文化のハイブリッド（混成）であると指摘し、社会のあり方を問うた。以来、サイエンス・フィクション（SF）的手法を用いて、自然と文化のハイブリッドな存在の多様性において、世界を語り直し構想する作業を行ってきた。そして、ハイブリッド論は、自然と文化あるいは自然と社会を分断してきた近代への徹底的な批判を導いた。

ハイブリッド論に基づいて、科学人類学者ブリュノ・ラトゥールは近代を「虚構」として批判した。近代社会の憲法の起草期であった17世紀後半、イギリスにおける王立科学者協会の設立と権限を巡って、科学者ロバート・ボイルと哲学者トーマス・ホッブズが、科学と政治の権力配分について激論を戦わせた。そして、自然科学と社会科学が分離され、社会科学によって近代社会の憲法が起草された。ラトゥールはそのような近代を「虚構」と批判し、世界全体を自然と文化のハイブリッドとして、将来の地球社会を構想している。すなわち、人間だけでなく、動植物はもちろんのこと、あらゆるモノを「アクター」（行為者）として見なし、それらの混成的な結び付きである「アクター・ネットワーク」として世界を構想したのである。ラトゥールは、近代をやり直すため、地球規模のアクター・ネットワーク社会の「憲法」を草案し、アクターとしての動植物やモノにまで拡張された民主主義、「モノの議会」を提言した。モノの会議には、モノの代弁者として、実験法、公開性、説明責任を担保しつつ、科学の不確実性を認めたうえで、個人や社会の利害を離れた科学者たちが参加する。そして、国家代表、産業代表、労働者代表、一般市民代表などの様々な代表と共に、例えば、経済成長や環境政策について審議するというのである。

それに対して、思想家ロージ・ブライドッティは、近代における問題の根源を、16世紀以来の人文学、すなわち人間中心主義に見定めている。そして、従来の人文学を徹底的に批判して、自然と文化のハイブリッドにおける学術の必要性を訴えている。ブライドッティは、まず、イタリア・ルネサンスの学者・芸術家レオナルド・ダ・ヴィンチの『ウィトルウィウス的人体図』を一つの象徴として提示しつつ、近代における人文学を糾弾する。人文学が自然と文化を分離し、特定のプロポーションの肉体を有する西洋白人男性のみを「人間」として、人間中心主義的な世界支配の構図を形成してきたというのである。

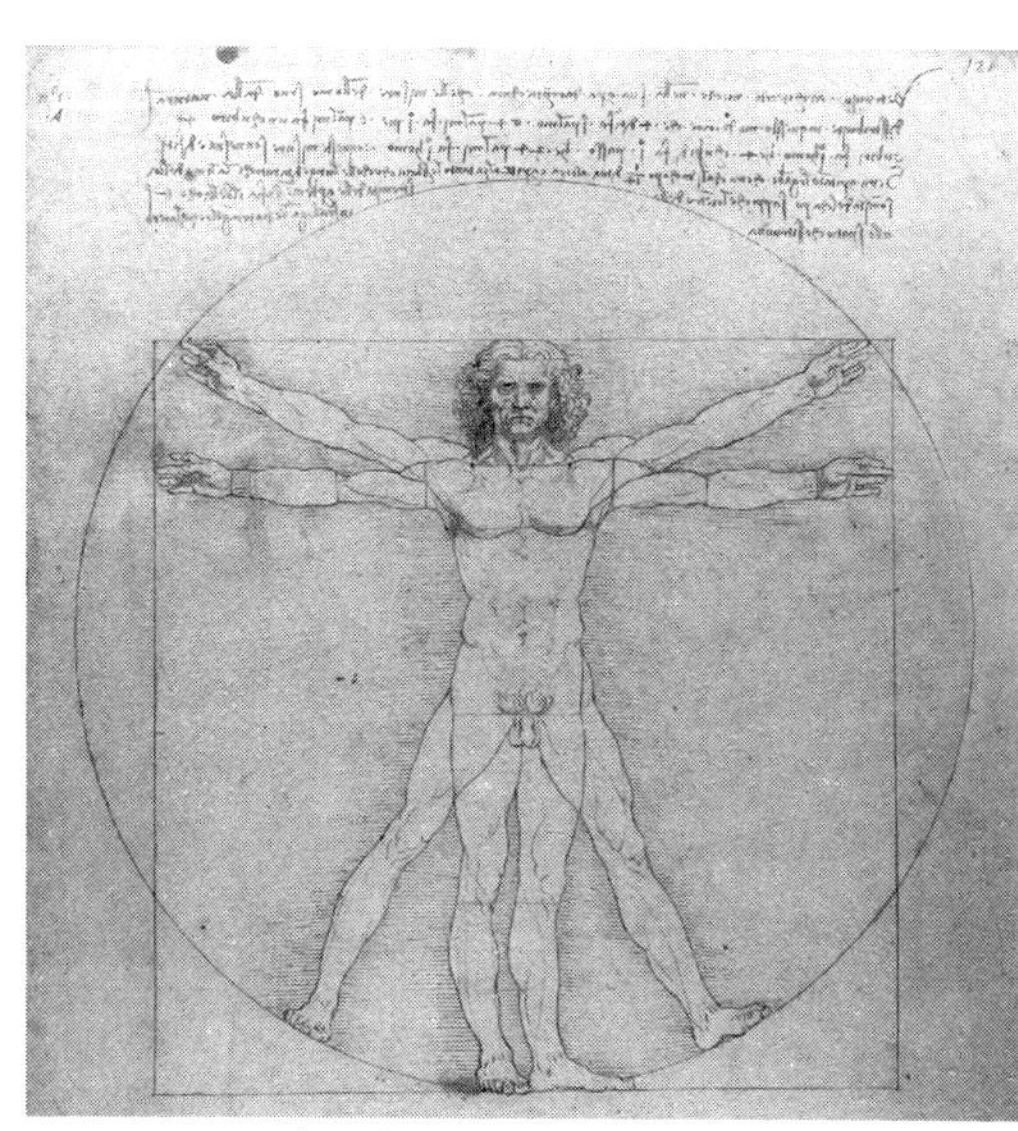

レオナルド・ダ・ヴィンチ
『ウィトルウィウス的人体図』
アカデミア美術館蔵

　さらに、ブライドッティによれば、人文学に導かれた近代の国家権力は、消費中毒を国民に発病させ、渇望を誘発してきた。それに対抗するには、私たちは、ノマド（遊牧民）的な行為者、すなわち、多元的・領域横断的・混成的で、自律的に絶えず移動し変容し、特定の権力や文化による支配を拒否する行為者となることだ。そして、多様な存在の共生ネットワークを、様々な水準で生成・変化させ組織する。そこにおいて、私たちは、欠乏に駆動される欲望ではなく、満足することを知る欲望において、すべての存在からなる共同体の福利のための倫理、「ポストヒューマンの倫理」によって生きる。その実現に向けて、自然と文化のハイブリッドな学術を構築しよう。ブライドッティはそう訴えている。その他にも、フェミニズムからは、「人新世」概念自体への批判をはじめ、学術的権威や政治的権力による新たな支配・統制に対する批判など、活発な批判活動がなされている。

フェミニズム以外にも、様々な議論がなされている。例えば、国家や産業などの枠を超えて、多種多様な市民が構成する社会的ネットワーク「マルチチュード」によって世界を動かす。そして、地球を共有財として世界経済を変える。そう訴え活動する人々がいる。他方、発展途上国の産業化を加速させ、先進国の産業的優位性を無効化する。また、技術革新を加速させて技術的限界点に達して、投資を不可能化し資本主義経済を終焉させる。そして、世界的な共同生産や経済統制の実現を目指す「加速主義」がある。技術革新によって、温室効果ガスの排出や気候変動への対応ができるという意見もある。成層圏に微粒子を大量放出し、その霧によって地表に届く日光を減少させ、温暖化を防ぐとする「気象工学」もある。地球に害をなし、自身も不幸になっていく人類の出生に反対する「反出生主義」さえ唱えられている。

「自分の欲望以外にゃ何もねェクソどもさ。ああいう美しくねェヤツらが、そこら中からわいて出てきて幅利かせやがる…最終戦争でも最後の審判でも…本当に来るなら急いでもらいてェ…そん時ゃア、オレも生きちゃいられねェだろうがな。」

（幸村誠『ヴィンランド・サガ』第7巻145―146頁、講談社、2009年）

4　魔術としての近代産業技術

ル＝グウィンは、「ゲド戦記」執筆の同時期、ＳＦ『天のろくろ』を書いた。

放射能汚染が大地と海に広がり、温暖化によって霧のような酸性雨が街角に降り続く近未来。大量の精神薬を常用する若者が、精神科医のもとに送られてくる。若者には、睡眠中の夢が現実化する現象が、人知れず起こっていた。目が覚めた時、睡眠中に見た夢に応じて、事物の有無から人々の生死まで何かが異なる世界になっているのである。恐れを感じた若者は薬物によって夢を回避していた。しかし、若者の夢が現実化する現象に気づいた精神科医は、治療と称して、若者に暗示をかけて眠らせ、自身が開発した脳波増幅装置を用いて夢を見させる。そして、若者の夢の力によって人口過剰や戦争などの問題を解消して、人類を救うという欲望に駆られていく。だが、対症療法の繰り返しによって、世界はむしろ破滅に向かっていく。

このＳＦは、栄誉と地位への欲望に駆られた科学者が、神の業のような技術を手にしながら、それを場当たり的に用いて、世界を危機に陥れてしまう物語として読める。ただし、この後の物語終盤において、危機を越えて向かうべき、私たちの道が暗示されている。

世界が破滅の危機にあった第二次世界大戦から間もない頃、敗戦国ドイツ連邦の哲学者マルティン・ハイデガーは、「技術について」と題する講演を、復興に励む人々に向けて行った。ハイデガーは、まず、技術の「本質」を、材料、設計、目的、作者において何かが顕現されることとする。そして、そのうえで、現代の技術が、何かを顕現するために、自然からエネルギーを取り立てて徴用する（bestellen＝ドイツ語）ことを指摘している。近代以前の技術は、例えば風車も農業も、自然に任せていた。しかし、近代物理学が自然におけるエネルギーを算定可能にしたことで、自然を徴用する技術が導かれた。「人材」という言葉があるように、現代では人間もまた徴用物資となっている。人間は自然に対する徴用係であり、また、自身が徴用物資ともなっている。次々と何かが顕現させられていく宿命的なめぐり合わせによって、人間自身が幾段もの徴用棚（Gestell＝ドイツ語）の中に置かれている。もはや人間の自由は、次々と何かを顕現させ、徴用棚を満たして隠す、見せかけのことでしかない。そして、人間は自身とすべてのものとの本来的な関係を見失い、存続の危機に陥っている。この危機においてハイデガーは、技術と同根でありながら現代技術とは決定的に異なる、芸術に可能性を託した。すなわち、芸術において人間そして人間の宿命的なめぐりあわせを省察していくことに、人間の存続可能性を見たのである。

ハイデガーは、事物に名付けられた言葉の意味合いから、根源的なものの見方を探る。そして、それによって、人間が認識する様々な事象や対象の「本質」を示し、そこから世界内における人間存在のあり方を語る。人間もまた、徴用物資であり、徴用棚の中に置かれ、もはや人間中心主義ですらない。その危機は、技術革新がなされても、回避できない。現代技術の「本質」を問い、それと対峙する芸術によって、すべてのものと私たちの本来的な関係を見つめ直し、それを取り戻すことが必要なのだ。

ル＝グウィンの物語はそうした芸術作品と言えるだろう。科学者であり技術者である精神科医が、夢見ることを恐れ封印した若者の夢の力を徴用して、世界を改変しようとする。神のようになろうとすることは、科学的認識のためであれ、自身の名誉のためであれ、科学者の欲望なのだ。その欲望が若者の夢を増幅するように、その欲望は人類の欲望によって増幅されている。多種多様なアクターによるネットワークに対して行われた対症療法は、想定外の事態を生じ、地球全体を危機に陥れていく。科学は、既成事実に対する複数の要因の相互作用を評価できる。だが、新しい要因を含む複数の要因の相互作用によって、何が起こるかは予測できない。限定的なシミュレーション実験によって、限定的に予測するに過ぎない。

既に論じたように、産業革命は16～17世紀の魔術が一因であった。それどころか、近現代の産業技術は魔術そのものなのだ。ピコ・デラ・ミランドラは、魔術を科学であり技術であると明確に述べている。ピコが現代技術を見れば、「魔術！」と叫んで、驚嘆歓喜することだろう。ピコの言う魔術は、自然を科学し、その秩序または階層において存在するモノに対して、位置あるいは地位を変え、モノの存在様式を変容させる技術だ。例えば、錬金術は、自然界に金、銀、銅…という鉱石の階層的秩序に、それぞれの鉱石の地位を見て取り、より下位の鉱石を金の位置にまで引き上げることとされる。徴用であり、秩序の改変である。ピコは、欲しい物の所有とそのための魔術の行使の自由が、神によって人間に許されているとする。そして、人間が神のような崇高な存在になろうとすることは、信仰心からであることを強調する。

しかし、旧約聖書では、知恵の実を食べて知恵を得ること、つまり、神に近づくことは、誘惑されて自身の欲望から人が犯した、最初で最大の罪「原罪」である。さらに、神が自由意志を人間に与えたとするのは、先に見た通り、神と人との契約書である聖書ではなく、古代キリスト教神学の説である。15世紀、商人たちは、王族や教会からの徴税を逃れて、自由に交易することを求めていた。ピコは古代神学の教説を逆手にとって自由を保証し、商人たちの欲望を解放して、魔術を振興したのである。結局、強大なローマ教会を前にして、ピコ自身はその演説を行うことはなかった。だが、その草稿は、自由を人間の尊厳とする近代を導き、今日まで大切に受け継がれている。そして、自由な大衆の欲望によって、近現代の産業技術は、魔術として、環境の秩序を急激に改変もしくは撹乱し続けているのである。

5　欲望のコントロール

共に生きる社会において互いに欲望を調整する。そして、そのために自分自身の欲望をコントロールする。前者は社会を統治することであり、後者は自己を統治することである。これらは、古代よりずっと、私たちの社会そして私たち一人ひとりの課題であり続けてきた。古代において、その課題が急激かつ極端に深刻化したのが、ギリシアであった。紀元前10世紀頃から5世紀頃までのギリシアでは、近隣の古代文明に対する略奪や交易で急激に富を得て、生産から軍事まで当時の先進技術を持ち込み、財力と暴力によって社会を支配する者たちが現れた。それに対抗するには、有能な人物が社会を導くリーダー制にせよ、多数の民衆の合議によって社会を運営する民会制にせよ、欲望をコントロールし振る舞いを律する社会慣習と、それを導く権威と文化がなければならなかった。しかし、富と技術によって古代の先進文明の威光を笠に着る者たちに、土着の宗教などによる旧来の権威や文化はもはや形骸化していた。そこで新たな権威を求めて西洋哲学が誕生し、欲望のコントロールのために心理学が行われるようになったのである。

　プラトンは、理性、気概、欲望という三つの働きを心身に認め、個人においても社会においても、理性によって気概と欲望をコントロールするのがよいとした。肉体は、生成し、変容し、朽ち果て消滅する自然物である。それゆえ、肉体の自然な成り行きとして、欲望は物欲に向かい、それによって気概は虚栄心に向かう。欲望に駆られて落ち着かず、人と争って没落や死の恐怖に怯(おび)える。こうした自身の「内なる自然」に対して、世界と人間のあり方についての知恵を理性が得て、気概を勇気に、欲望を節制に導くようにする。そうすれば、幸福に生きることができる。翻って社会は、理性に優れ知を愛する哲学者がリーダーとなり、気概に優れる者たちが勇気ある戦士となり、一般民衆が節度を持って生業(なりわい)を営むのがよい。ただし、それらの役割分担は、世襲や家柄や財力や民衆の人気投票によるのではなく、男女差別もせず、適切な教育においてなされるべきである。プラトンはそう説いた。弟子のアリストテレスは、心の働きと幸福をより詳細に分類し、男女差別を加えて同様の論説を行った。すなわち、心の様々な働きと、そこから考えられる幸福な生き方としての倫理と、様々な社会体制を詳細に論じた。

　1世紀から5世紀、ローマ統治下の地中海一帯に広まったキリスト教は、人々の隣人愛の実践による「神の国」の実現を説き、富を独占する欲深い者は、天国の門を通ることが難しいと戒めた。そして、富を捨て、迫害に耐えて信仰に生きる強い意志を重視するようになった。さらに、プラトン哲学を援用して世界観と霊魂観を補強し、キリスト教神学を形成した。物的存在である肉体の自然として欲望が生じ、欲望から争いによる憎しみや苦しみが生じる。それゆえ、理性によって、キリストの教えに導かれ、意志によって欲望そして物財を捨て、隣人愛の実践を行うことが救済につながる。死は肉体からの霊魂の離脱であり、キリスト教徒は、死後にその霊魂が地上を離れて、天国に昇る。そして、神の下で霊魂が永遠に幸福となる。それが苦しみに満ちた現世からの救済であるとされた。

キリスト教はヨーロッパ全域に広まった。しかし、中世後期には、各地の王侯貴族の欲望による争いが絶えなくなった。農業生産力が上がり、人口が増加し、交易が盛んになり、王侯貴族、教会、商人に莫大な富が集まるようになっていた。急激な経済成長は貧富の差を生じ、財力や暴力で人々を支配して、富と力を増大させる者たちを出現させる。古代ギリシアと同様のことが、より大規模に起こったのである。キリスト教による権威や文化は形骸化していた。それどころか、教会までもが富の獲得に動いた。それに対して、15世紀後半、古代神学の単なる復興を超えて、魔術を推進したピコ・デラ・ミランドラは、徴税や関税のない自由な交易と産業の発展を求める商人の側にいたのだった。

ピコの死後、16世紀、キリスト教の聖職者マルティン・ルターは、ローマ教会を離脱して別の新たな教会を創設した。ドイツ連邦の「皇帝」と各地の領主とローマ教会による、二重三重の徴税に苦しむ農民たちを救うためであった。教会は当時、納税に加えて、自らの意志においてさらに寄進することで、罪が許され天国に行けるとしていた。ルターはそれを批判して自由意志を否定し、現世に生きる者は肉体に囚われて奴隷隷僕状態にあると論じた。そして、神に与えられた使命としての職責を果たすことで救済され、天国の神の下で肉体を離れた霊的存在として自由を得ると主張した。しかし、王侯貴族たちは、ルターの宗教改革さえも欲望のために利用した。領地の教会を独立させてローマ教会への納税を拒否する者たちが現れ、それに対する討伐や防衛戦を口実に、各地で権益を奪い合うようになったのである。

それがドイツ連邦において国際的な「宗教戦争」に発展した17世紀、国際平和のために哲学者ルネ・デカルトは、キリスト教に代わって、科学に基づいて欲望を克服する倫理について王侯貴族に説いた。デカルトは、まず、神や人間の「精神」と人間の肉体を含む「物質」を異なる二つの実体として定義する。そして、キリスト教を霊的世界についての教えとし、科学を物的世界すなわち自然界についての探究とした。そのうえで、物的世界である現世で生きるための倫理を、科学によって構築したのである。デカルトは、最後の著書『情念論』において、解剖学的知見に基づいて感覚と感情の発生を示して、心理学的考察を行い、感覚と感情は欲望によって自身に有害となると論じた。そして、「高邁（こうまい）の精神」によって欲望を防ぐことを推奨した。すなわち、自身の自由意志を重んじて、行為の責任を負う。同時に他者の自由意志を尊重し、他者のために善い行いをすることを最も偉大なこととする。そして、自由意志において善い行いを成すことに満足する。デカルトはそれらのことを、倫理として推奨したのである。

だが、国王たちは欲望のままに権力をふるった。そして、『情念論』出版の同年、イギリスにおいて内乱の末、議会派諸侯が国王を処刑する革命に至った。その後、二度目の革命を経て、国王の意志と欲望は制限されるようになった。他方で、議会制統治を支持するために、哲学者ジョン・ロックは、すべての人間が白紙状態の精神で生まれ、それゆえ平等であり、生存と自由と財産の権利を有すると論じた。そして、18世紀には、市民の権限を規定する法律を、議会によって確立することが求められた。それに際して、哲学者デイヴィド・ヒュームは、心理過程の省察と分析を行って、自由意志を否定し、理性ではなく感情によって行動するのが人間の本性であると断じた。そして、道徳は情動論に基づくべきであるとした。これを受けて、道徳哲学者であり経済学者であるアダム・スミスは、共に生きる人間同士が共感し合うことに着目し、共感が身勝手な欲望を抑える道徳の基礎となることを論じた。そして、自由な経済活動によって、国や文化や言語の違いを超えて、人々が交流し共感し合えるようになれば、世界平和が実現されると主張した。国家が国民の欲望を駆り立て、欲望によって市民が自由に産業活動を行う口実ができたのである。イギリスで産業革命が起こり、フランスでは市民が参加した革命が起こった。

フランス革命と同時期、哲学者ジェレミー・ベンサムは、民衆一人ひとりが自律的に欲望をコントロールすることに見切りをつけ、国家が民衆をコントロールする統治術の基礎を確立した。ひたすら快を求め、ひたすら苦を避けることが、個人の基本的な行動原理である。だが、それを放置すると、争いが絶えず、平和な社会は成立しない。それゆえ、社会に資する個人の行動を褒賞し、反する個人の行動を罰する。そうすることで、個人の行動原理を社会の成立原理に心理的に連合させる(つまり、条件づけする)。このような観念連合の心理学に基づいて、ベンサムは賞罰による統治術を確立した。社会発展に資するとされる経済活動の自由を保障しつつ、ヒュームの人間本性論から現実的で巧妙な統治論を導いたのである。

6 「内なる自然」に再び向き合う

こうして成立してきた現代が危機に陥っている。国家による国民のコントロールと、国民による国家のコントロールが、ジレンマを起こしている。プラトンは、古代において既に、民会での合議による社会運営を批判し、哲学者が社会のリーダーとなることを主張していた。その主張は、神への仲介者である司祭すなわち教父が王侯貴族と民衆を導く教父主導主義すなわちパターナリズムとして、キリスト教に引き継がれた。だが、権威を有する教会も権力を有する国王も腐敗したため、ロック、ヒューム、スミスを経て、自由放任主義すなわちリバタリアニズムが主張された。肉体的な快苦に限定したベンサムの功利主義は、19世紀には哲学者ジョン・スチュアート・ミルによって精神的な快苦まで拡張された。また、功利主義の通俗化において多数決民主主義が導かれ、20世紀には国民の感情を操作することが「政治手法」となった。そして、21世紀、連合主義心理学に基づくベンサムの統治術よりも、思考や意思決定についての認知心理学を応用したさらに狡猾な統治術が提案されている。

２００３年、アメリカ合衆国の法学者キャス・サスティーンと行動経済学者リチャード・セイラーによって、「リバタリアン・パターナリズム」が提案された。それは民衆の合理性と自己コントロールの限界に基づく統治術である。例えば、手術について「生存率は95％です」という説明と「死亡率は5％です」という説明では、言い方が違うだけだが、後者では手術を控える人の割合が高くなる。このような人間の意思決定または選択の傾向についての認知心理学的知見を利用して、倹約行動や貯蓄行動や消費者保護など、社会福祉を促進する方向へと民衆の選択を導く。誘導するが、選択の自由は残している。そのため、サスティーンとセイラーはこの手法を「ナッヂ」（nudge：肘で軽くついて人を促すこと）と呼び、統治での活用を提案している。これには様々な批判があるが、ここでは功利主義と同様のジレンマを指摘できる。この手法が悪用されないようにするために、誠実で合理的な指導者を選ぶにも、政府監視機関を設置するにも、民衆一人ひとりが自力で騙されないようにするにも、民衆一人ひとりが自身の合理性と自己コントロールの限界を自覚し、かつ、合理的な判断ができなければならないのである。

肘で軽くつく「ナッヂ」に対して、経済学者の松村真宏は、そそる「仕掛け」を提案している。例えば、公園のゴミ箱の上に、バスケット・ボールのゴールをつける。それだけで、ゴミをポイ捨てせずに、ゴミ箱に捨てる人が増える。このように、より善い行動の実行へとそそる仕掛けを社会に配備する。松村はそうするための心理学的・工学的な「仕掛学」を提案している。仕掛学にもナッヂと同様に詐欺的商法などに悪用される危険性はあるだろう。しかも、知見の蓄積は少ない。ただし、ナッヂと仕掛けは重要な点で異なっている。より善い行動の選択へと、ナッヂは無意識・無自覚の民衆を誘導する。だが、仕掛けは意識・自覚している民衆をそそる。しかも、仕掛けは、欲望によって欲望を制するという着想に基づく。持って行く手間を省いてポイ捨てしたい欲望を制するために、シュートをきめたい、楽しみたいという欲望をかき立て、そそっているのである。もちろん、環境に配慮する理性も手伝っているだろう。

17世紀オランダの哲学者ベネディクトゥス・デ・スピノザは、自由意志を否定して欲望を肯定し、欲望によって欲望を制することを唱えていた。18世紀のヒュームとスミスは、スコットランドの近代化のために、デ・スピノザの論点をすり替えたと言える。自由意志を否定し、民衆における理性の可能性も放棄したうえで、共感による欲望のコントロールを構想して自由放任主義を唱えたのである。それが産業革命と共に、資本主義による世界システムの拡大を加速させたのだった。だが、ヒュームとスミスが考え及ばなかった状況に、デ・スピノザは直面していた。市民の欲望の暴走である。

17世紀オランダは、スペイン王国の支配から独立し、王はいなかった。七つの州それぞれに議会があり、それらの代表である統領たちによる会議が、全州に関わる決定を行っていた。全州統領は空位だった。隣国ドイツ連邦を舞台に「宗教戦争」が勃発し、軍事物資を調達する交易によって、多くの市民が一挙に富を獲た。そして、史上初のバブル経済「チューリップ・バブル」が発生し崩壊した。国債や株の暴騰・暴落も経験し、一夜にして巨万の富を獲たり失ったりする者たちが多く出た。イギリスと海洋交易の覇権を争い、スペインやフランスから狙われ、戦争を繰り返した。戦争が財政を圧迫し、交易を遮断し、国債と株の暴落を招いた。このような状況にデ・スピノザは生きたのである。

デ・スピノザはデカルトを批判して『エチカ　倫理学』を著わした。デカルトは、自他の自由意志を尊重し、意志によって欲望を捨てる倫理を王侯貴族に説いていた。しかし、意志による欲望の破棄は不可能であり、自由意志の尊重はむしろ欲望を暴走させる危険性があった。デカルトの説を突き崩すために、デ・スピノザはまず、別々の異なる実体相互が影響し合うことは不可能だと指摘する。ならば、自然界を創った神と自然界は同じ実体からなっていなければならず、精神も肉体も、同一実体である神=自然の多種多様な属性の表現の一つということになる。それゆえ、心身における喜び、悲しみ、欲望の感情は、神=自然における必然として生じる。欲望は意識される衝動であり、存在の完成に向けた推進力である。感情はより強力な感情によってのみ、抑制または除去される。感情のなかでも、理性が妥当に認識する物事についての感情は、安定的で持続的である。精神は理性によって神＝自然の様々な様態を認識して様々な感情を養い、それらの感情の強弱と望しさを比べ、より善い欲望で他の欲望を制することができる。デ・スピノザはこう論じ、神＝自然への知的愛によって神＝自然を認識し、神＝自然からの愛を得て幸福を感じ、欲望への隷属状態から自由になることを説くのである。

デ・スピノザの説く倫理は、個人の生き方だけでなく、社会のあり方つまり文化とすることが重要だ。そもそも倫理とは、社会の平和を維持してきた「習わし」のことであった。それゆえ、プラトンは、個人の心理状態を社会の状態のアナロジーによって論じた。しかし、弟子のアリストテレスは倫理を個人の生き方のように論じた。さらに、ヒュームが、民衆の理性を否定して、教条的なキリスト教道徳に代わる、情動論に基づく道徳と法律を導いた。政治経済の推進のためであった。その政治経済が現在限界を示している。それゆえ、デ・スピノザが示した倫理を、個人と社会の双方において、改めて試すことに可能性がある。個人として、また、社会として「内なる自然」に再び向き合うのである。利那的な肉体的快楽や消費的欲望に勝る欲望を、ハイブリッドな世界と自身における「自然」への理性的認識において見出す。その欲望を満たし、持続可能な「自然」と「文化」のハイブリッドを構築する様々な文化を試みるのである。

ケニアのワンガリ・マータイさんは、37歳の時、アフリカの女としてグリーンベルト運動を起こした。森林破壊と砂漠化が進むアフリカ大陸全土での植林と同時に、植林事業でアフリカの女たちの雇用と生活の向上を図る運動である。さらにマータイさんは、日本の「もったいない」という語による生活習慣または倫理に感銘を受け、さらにMOTTAINAI運動を展開した。「もったいない」という言葉は、「捨てない」

「繰り返し使う」「使い回しする」そして「尊敬している」ときに遣われる。マータイさんはそれに感動して、ゴミ削減、再利用、再資源化、自然への尊敬に向けた市民運動の創設に、象徴として「MOTTAINAI」を用いた。恥ずかしいことに、際限ない経済成長という幻想によって、消費の欲望を刺激されてきた日本国民は、「もったいない」を死語にしつつある。しかし、世界の少なからぬ人々にとって、MOTTAINAI文化はクールで魅力的で、参加したいことなのだ。いまや多くの人々や企業が、インターネットを介してMOTTAINAI運動を知り、資金面や活動面で参加している。

２０１８年から２０１９年にグレタさんが行ったヨットや鉄道による旅は、スウェーデンを中心に空路の旅を恥とする文化「Flygskam（フュリュグスカム）」を促進した。温室効果ガスを大量排出するジェット機の利用を恥とし、移動にできるだけ鉄道を用いる文化である。恥は欲望を抑制する強い感情なのだ。ただし、残念ながら、日本では、例えば、戦闘で捕虜になったときに生存欲求を制して自決を迫る感情として、恥が悪用されてきた。しかし、恥によってどのような欲望を制するかは、これからの私たち次第だ。さらに重要なことは、鉄道の旅の行程自体が旅心をそそるということだ。また、ＳＮＳでの小さな呼びかけが、世界的なムーブメントになったこともある。２００８年、デンマークのセリーナ・ユールさんは、食品ロスに怒りを感じＳＮＳで呼びかけた。怒りを特定の人や企業や産業や国家ではなく、自分たちの特定の行為に向けた。ＳＮＳ上で仲間が集まり、日常的な取り組みと発信を行うようになった。メディアに取り上げられ、デンマーク全体に紹介された。大手スーパーが賛同して動いた。農産物や海産物の「規格外品」「訳アリ品」が、捨てられることなく売られるようになり、それを積極的に買う人たちが現れた。規格外品市場が誕生し成長した。流通業の損失も減り、生産者の収入も上がった。世界に波及し、2019年、日本でも食品ロス削減推進法が成立した。

いまやアダム・スミスが想像もしなかったほどに、世界中の人々が交流できるようになった。インターネット、自動翻訳機、そして、大容量情報通信。誰でもインフルエンサーになる可能性がある。動画を撮影しネットに投稿できるスマホがあればよい。自動翻訳機を使ってもよい。気候変動に限らず、防災、ゴミ、食品ロス、大気や水や土の汚染、種の絶滅、森林減少、病気、紛争、貧困、格差、差別、迫害など。危惧されている未来を少しでも回避するために、どれか一つでよい。個人でできる小さな行いをやってみて、クールなこととして世界に広めよう。それを百人に一人でも、クールと感じて参加してくれるなら、世界規模ではムーブメントとなる。「自然」と「文化」の見事なハイブリッドである、日本の里山の美しさを紹介してもよい。江戸期以前から続くような老舗中小企業の文化や「もったいない」文化を取材して伝えてもよい。その文化が広まれば、雇用につなげることも、新しい市場が現れることも可能だ。他方で、旧来の産業経済は低成長になるかもしれない。でも、様々に危惧される未来の事態に近づくならば、いずれそうなり、私たちの生活水準は低くなるだろう。たとえ気候変動が人為的な原因によるのではないとしても。全生命の絶滅はないとしても。もちろん、自然を徴用しない、従来の自然秩序を回復する技術や仕掛けならば、それによる産業経済の発展を見込めるだろう。

アーシュラ・ル＝グウィンは『オールウェイズ・カミングホーム』のなかで、『天のろくろ』の終盤で暗示した、私たちの未来の文化的可能性を描いている。環境破壊によって文明が滅んで五千年、その未来から「考古学的に」人々の生活と文化について描いている。架空の言語や習俗の詳細な記述があり、しかも、架空の民族音楽作品のＣＤ録音までされている。有史以前や古代の社会や文化を思わせるその未来では、相変わらず、人々は戦闘したり、強欲だったりする。不思議な伝説やグロテスクな民話が「採話」されており、生きることの喜怒哀楽、死への態度・振る舞い、英知を示す伝承歌や踊りが「記録」されている。現在の先進国に住む者たちの大半には、とても許容できない生活水準である。けれども、不思議な魅力にあふれている。この作品の題名の意味は、「どこに向かうにせよ、いずれにしても故郷へ戻ること」である。

謝辞　本稿を書くにあたって、アーシュラ・ル＝グウィン作品の重要性を再認識させてくれた写真家・渡邊耕一氏に感謝する。渡邊耕一氏は、日本から産業経済によって全世界に広がった、イタドリなどの侵略的植物の作品を通して、「クトゥルー新世」の地球の姿を私たちに表現し続けている。

《参考文献》

阿部謹也『物語　ドイツの歴史　ドイツ的とは何か』中公新書、１９９８年
アリストテレス、桑子敏雄訳『心について』講談社学術文庫、１９９９年
アリストテレス、渡辺邦夫訳『ニコマコス倫理学　上・下』光文社古典新訳文庫、２０１５年
アリストテレス、牛田徳子訳『政治学』京都大学学術出版会、２００１年
アウグスティヌス、泉治典・原正幸訳「自由意志」『アウグスティヌス著作集３　初期哲学論集（３）』教文館、１７―２３４頁、１９８９年

Bentham, J. (2010). *A Fragment on Government.* UK: Cambridge University Press
ベンサム、山下重一訳「道徳および立法の諸原理序説」（抄訳）『世界の名著38　ベンサム、Ｊ・Ｓ・ミル』中央公論社、７１―２１０頁、１９６７年
ブライドッティ、門林岳史監訳『ポストヒューマン　新しい人文学に向けて』フィルムアート社、２０１９年
デカルト、山田弘明訳『方法序説』ちくま学芸文庫、２０１０年
デカルト、谷川多佳子訳『情念論』岩波文庫、２００８年
フレンチ、高橋誠訳『エリザベス朝の魔術師』平凡社、１９８９年
ガブリエル・斎藤幸平「第二部　マルクス・ガブリエル」『未来への大分岐』集英社新書、１３０―２２７頁、２０１９年
ハラウェイ、高橋さきの訳「人新世、資本新世、植民新世、クトゥルー新世　類縁関係をつくる」『現代思想』第45巻第22号、９９―１０９頁、２０１７年
ハラウェイ、高橋さきの訳『猿と女とサイボーグ』青土社、２０００年
ハイデガー、森一郎訳「技術とは何だろうか」『技術とは何だろうか』講談社学術文庫、９５―１５６頁、２０１９年
ヒューム、木曾好能訳『人間本性論　第1巻～第3巻』〈普及版〉法政大学出版会、２０１９年
伊藤博明『ルネサンスの神秘思想』講談社学術文庫、２０１２年
Jacquet, J. (2016). *Is Shame Necessary? New Uses for an Old Tool.* UK: Penguin Books.
カント、熊野純彦訳『純粋理性批判』作品社、２０１２年
ラトゥール、川村久美子訳『虚構の「近代」　科学人類学は警告する』新評論、２００８年
ロック、大槻春彦訳『人間知性論（一）～（四）』岩波文庫、１９７２年
ロック、加藤節訳『完訳　統治二論』岩波文庫、２０１０年
リオタール、小林康夫訳『ポスト・モダンの条件―知・社会・言語ゲーム』水声社、１９８９年、
リオタール、原田佳彦・清水正訳『知識人の終焉』法政大学出版局、１９８８年
ルター、ルーテル学院大学／日本ルーテル神学校ルター研究所訳「奴隷的意志について」『ルター著作選集』教文館、５３１―５７５頁、２００５年

ル＝グウィン、清水真砂子訳『さいはての島へ　ゲド戦記Ⅲ』岩波書店、１９７７年
ル＝グウィン、脇明子訳『天のろくろ』復刊ドットコム、２００６年
ル＝グィン、星川淳訳『オールウェイズ・カミングホーム　上・下』平凡社、１９９７年
マータイ、福岡伸一訳『モッタイナイで地球は緑になる』木楽舎、２００５年
松村真宏『仕掛学―人を動かすアイデアのつくり方』東洋経済新報社、２０１６年
ミル、川名雄一郎・山本圭一郎訳『功利主義論集』京都大学学術出版会、２０１０年
那須耕介「リバタリアン・パターナリズムとその10年」『社会システム研究』第19巻、1―35頁、２０１６年
ペトラルカ、近藤恒一訳『無知について』岩波文庫、２０１３年
ピーコ・デッラ・ミランドラ、佐藤三夫訳「人間の尊厳についての演説」『ルネサンスの人間論―原典翻訳集―』有信堂高文社、２０３―２４４頁、１９８４年
プラトン、中澤務訳『饗宴』光文社古典新訳文庫、２０１３年
プラトン、藤沢令夫訳『国家（上）（下）』岩波文庫、１９７９年
プラトン、納富信留訳『パイドン』光文社古典新訳文庫、２０１９年
プラトン、岸見一郎訳『ティマイオス／クリティアス』白澤社、２０１５年
瀬戸一夫『時間の政治史―グレゴリウス改革の神学・政治論争』岩波書店、２００１年
Sunstein, C. R. & Thaler, R. (2003). Libertarian paternalism is not an oxymoron. *The University of Chicago Law Review*, 70, 1159-1202
セイラー&サスティーン、遠藤真美訳『実践　行動経済学』日経ＢＰ、２００９年
スミス、村井章子・北川知子訳『道徳感情論』日経ＢＰクラシックス、２０１４年
スピノザ、畠中尚志訳『エチカ　倫理学（上）（下）』岩波文庫、１９５１年
ウォーラーステイン、川北稔訳『近代世界システムⅠ～Ⅳ』名古屋大学出版会、２０１３年

おわりに――気候危機と人文学

西谷地　晴美

1　完新世から人新世初期へ

　1999年から2013年まで、15年間続いたハイエイタスと呼ばれる気温上昇の停滞現象が終了し、気候シミュレーションの長期予測どおりに、地球全体の平均気温が再び上昇に転じて以降、地球温暖化に基づく異常気象の影響が、文字通り世界中で、熱波・干ばつ・森林火災・豪雨・洪水・ハリケーン巨大化などの形で、顕著に現れるようになってきた。日本でも、生死にかかわる熱中症を広範囲に引き起こす、夏の耐えがたい猛暑日（最高気温35度以上）の連続化や、五十年に一度、百年に一度と表現される想像を絶する豪雨・洪水が、この間毎年のように、繰り返し起きるようになった。

　この問題は、地球温暖化の最前線である極域では、どうなっているのだろうか。北極域の海氷面積は、2007年の夏期におきた大規模融解以降、大きな変化を繰り返しながら縮小・消滅への道をひた走っているが、南極域は様相が全く違っていた。変化が見られなかったのだ。しかし、地球温暖化が懸念される中、長らく有意な変化を示さず、むしろ微少ながら増加傾向にあった南極域の海氷面積の「年平均値」も、ついに2016年に大きく減少に転じた。

環境省など5省庁によって2018年2月にホームページ上に公表された『気候変動の観測・予測及び影響評価総合レポート2018～日本の気候変動とその影響』にある「南極域の海氷域面積の経年変化」グラフ（同書51頁）を見れば、温暖化の影響が南極域にも、とうとう目に見える形で及びだしたこと、その危険な可能性を読み取ることができる。

最後の氷期が終了した後、地球全体の平均気温が氷期より約5度上昇した完新世の時代が、現代まで約12000年続いてきた。その終盤に、私がかつて研究対象とした中世温暖期や、よく知られた17、18世紀の小氷期のような、地球全体の平均気温に0・5度程度の変化をもたらしたとみられる気温変動はあったものの、過去7000年間にわたる安定した気候が、人類社会の諸文明を支え続けてきた。しかし、近年における五十年に一度、百年に一度のような異常気象の出現率の高さを前提にすると、地球温暖化の進行によって、完新世の気候が転換した事実を、はっきりと視野に入れなければならないだろう。要するに、今の気温と海水温は、従来に比べて高すぎるのだ。

二酸化炭素、メタン、一酸化二窒素など、物理的な温室効果をもつ気体が大気中で増えていくと、地球は確実に温暖化していく。温暖化によって増加した熱エネルギーは、気温と海水温の両方に変化をもたらすが、温暖化によって増えた熱エネルギーの90％以上は、気温の巨大な緩衝装置でもある海水中に蓄えられる。だから地球温暖化の影響が、人々に見える形で常に毎年の平均気温の上昇として現れるわけではないし、直近のハイエイタス出現の原因やそのメカニズムに関しても、まだすべてがわかっているわけではない。科学的にわかっているのは、二酸化炭素などの温室効果ガスの排出量が現在のように増加していく限り、地球は確実に温暖化していき、それに伴って長期的には気温も海水温も、間違いなく現在より上昇していくことである。

直近のハイエイタス終了後、過去5年間で地球全体の平均気温は0・2度強上昇した。この0・2度強の平均気温の上昇がすべての要因ではもちろんないが、日本では過去5年間で、夏の気象災害の規模が大きく変わりだした。地球温暖化によって平均気温が上昇していく恐ろしさを、一般の人でも十分に体感し理解できる時代が到来したと言ってよい。ちなみにＩＰＣＣは、温室効果ガスの人為的排出が従来通りのレベルで続いた場合、80年後の地球全体の平均気温は、現在からさらに約4度も上昇するという、まさに絶望的な将来予測を提示している。現在から3度あるいは4度も平均気温が上昇した世界が、人類の住み慣れた完新世の地球であるはずがないからだ。平均気温だけで言えば、その世界はウィル・ステッフェン、ヨハン・ロックストロームらが提起したホットハウス・アースと異ならない。

私たちはすでに、人新世初期の時代にいる。

多くの人々がそれを自覚して、様々な不条理と向き合い、地球温暖化を本気で止めない限り、気候危機は悪化の一途をたどるだけだ。

では、人文学の研究はどうあるべきなのだろうか。本書を閉じるにあたり、人新世初期という時代の中で人文学が果たすべき課題の一つを、人新世の自覚化をめぐる問題から考えておきたい。

2　人新世における人文学の条件

今起きている気候危機と人文学の存立条件を、平時と非常時の観点からとらえ直すと、人文学にたずさわる人々が自覚しなければならない課題が見えてくる。

ところでこの平時と非常時という観念は、個人、家族、地域社会、各種団体、国家、世界のそれぞれの範囲で、自立しえる時間観念なので、地域性が強くあらわれる災害の復興過程においては、往々にして各空間の平時・非常時認識にズレが生じ、様々なストレスを発生させる要因になる。しかしここではその問題に立ち入らず、一般論の範囲で、災害をめぐる平時と非常時の仕組みを考えてみよう。

災害認識の完新世的構造の大半はこうなっていた。地震であれ気象災害であれ、災害は平時に突然発生する。地震はもとより、天気予報の精度が増してからの気象災害でも、このあり方は変わらない。災害が発生しその影響が人々に及んでいる間は、非常時が継続する。その後、災害の影響が治まれば、平時が回復する。

一方、災害認識の人新世初期の構造はこうなっている。災害は仮構的平時に発生する。地震災害は突然に、気象災害はなかば想定通りに起こる。災害が発生しその影響が人々に及んでいる間は、二次的な非常時が継続する。その後、災害の影響が治まれば、仮構的平時が回復する。

人新世初期の平時は仮構的であって、しかも虚構性を濃密に帯びている。その理由は、以下のように説明できるだろう。

不可逆的に温暖化が進み続ける人新世初期の時代は、人類全体がいわばティッピングポイントという名の地雷原をやみくもに走り回っているようなものであり、現実に気象災害が発生しているかどうかにかかわらず、本源的な非常時が日々継続する時代である。平均気温のティッピングポイント超えがその後の地球の生態系と人類社会に及ぼす影響のすさまじさを前提にすれば、温暖化を止めない限り、人新世初期の時代に平時が存在することは、論理的にも現実的にもあり得ない。

しかし、このような本源的非常時が果てしなく続いていく観念や時間認識を、普通、人は誰も受け入れない。ある者は温暖化の存在そのものを否認し、ある者は温暖化二酸化炭素主因説に懐疑的になり、ある者はティッピングポイントの存在に疑いの目を向けることで、現実に今そこにある本源的な非常時を、それぞれにとって都合の良い平時に読み替え、生活を安定的に継続させようとする。特に政治と行政の役割は平時の維持にあるから、この読み替えは素早く行われる。だから人新世初期においては、日本だけでなく世界のいたるところで、虚構性を濃密に帯びた仮構的平時があらわれることになる。

ところでここで重要な点は、この読み替えは、真実から目をそらすことを通じてなかば意図的になされることもあるが、多くの場合は無意識的に行われることである。そのため、温暖化を認めない人々だけでなく、温暖化を止めねばならないと一度は思ったことのある良心的な人々においても、おそらくは例外なく、本源的非常時が仮構的平時に読み替えられている。その構図は研究者でも同じであり、現に私自身の平時観念もこれと大して変わらない。

これまでの時代において、人文学は主に平時の学問だった。だから人文学は平和を希求し、学問を進展させる条件を平時の継続においてきた。この人文学と平時との密接な関係は、人新世初期においても変わっていない。唯一変化したのは、人文学が研究を進展させる条件だった平時が、人新世では本源的非常時を読み替えた仮構的平時に姿を変えている点である。だが多くの人はこの変化に無自覚のまま、気候危機の今を生きている。

地球温暖化に組み込まれた危険性の本質を覆い隠し、人新世の自覚化を阻害する要因になっているのは、この仮構的平時への人々の執着である。多くの人々が仮構的平時の虚構性を自覚して本源的な非常時と向き合わない限り、地球温暖化は止められないに違いない。

一方、人新世における人文学の存立条件は、この仮構的平時の継続におかれている。この相反する構図が、気候危機のなかで人文学が抱え込んだ矛盾である。

しかしより重大なのは、人文学が従来通りに研究を進展させ、学問の変わらぬ姿を人々に見せることそれ自体が、人々の仮構的平時観念を補強し、助長する恐れがある点である。だから私たちは、これまでの学問を人新世で断絶させないために研究を積み重ねながら、その一方で、人々の仮構的平時観念を解体する道を早急に探らねばならない。

人新世初期の気候危機と人文学の存立条件との間に横たわっている矛盾に向き合うこと、これが、今の人文学に突きつけられている人新世的課題である。

＊　＊　＊　＊　＊

最後になって恐縮だが、まほろば叢書の一冊として本書の出版をお認めくださった野村鮎子文学部長と、こちらのわがままに最後までお付き合いいただいた、かもがわ出版の樋口修氏に、心から感謝申し上げる。

《著者紹介》

西谷地　晴美（にしやち　せいび）
奈良女子大学研究院人文科学系教授。専門は日本中世史、環境歴史学、過去認識論。主な著書に『日本中世の気候変動と土地所有』（校倉書房、2012年）、『古代・中世の時空と依存』（塙書房、2013年）などがある。

田中　　希生（たなか　きお）
奈良女子大学研究院人文科学系助教。専門は日本近現代史。主な著書に『精神の歴史』（有志舎、2009年）、「核兵器と人文学」（『核の世紀』東京堂出版、2016年）、「技術史の臨界――湯川秀樹とアーカイヴ」（『史創』第３号、2013年）などがある。

奥村　　和美（おくむら　かずみ）
奈良女子大学研究院人文科学系教授。専門は上代国文学、特には『萬葉集』。近時の主な論文に、「大伴家持の和歌と書儀・書簡」（『第13回若手研究者支援プログラム報告集』、2018年）、「『萬葉集』長歌の受容――藤原定家の場合――」（『萬葉集研究　第三十八集』塙書房、2018年）などがある。

浅田　　晴久（あさだ　はるひさ）
奈良女子大学研究院人文科学系准教授。専門は地理学、南アジア地域研究。主な著書に『Climate and Rice Cropping Systems in the Brahmaputra Basin: An Approach to Area Studies on Bangladesh and Assam』（Rubi Enterprise, 2012）、横山智・荒木一視・松本淳編『モンスーンアジアの風土とフード』（明石書店、2012年）などがある。

天ヶ瀬　正博（あまがせ　まさひろ）
奈良女子大学研究院人文科学系教授。専門は認知心理学。研究テーマは、環境に対する認知と行動、知覚と運動の協応など。『現場の心理学』、『大学の現場で震災を考える』（いずれも奈良女子大学文学部“まほろば叢書”、かもがわ出版、2012年）を分担執筆。

奈良女子大学文学部〈まほろば〉叢書
気候危機と人文学——人々の未来のために

2020年３月31日　第１刷発行

編著者　西谷地　晴美
発行人　竹村　正治
発行所　株式会社 かもがわ出版
〒602-8119 京都市上京区堀川通出水西入
TEL 075(432)2868　FAX 075(432)2869
ホームページ http://www.kamogawa.co.jp
印刷所　シナノ書籍印刷株式会社

ISBN978-4-7803-1086-3 C0010